Welche Tierspur ist das?

Frank Hecker **125 Tierspuren und wer sie hinterlässt**

KOSMOS

Inhalt

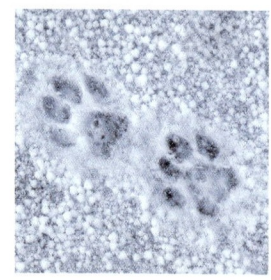

Zu diesem Buch

In unseren Wäldern, Wiesen, Feldern, Parks und Gärten leben viele Tiere, die wir aber nur selten zu Gesicht bekommen. Dies gilt insbesondere für Säugetiere, die meist dämmerungs- oder nachtaktiv und zudem recht scheu sind. Aber es gibt kein Tier, das nicht irgendwelche Zeichen seiner Anwesenheit hinterlässt. Die klassische Spur ist dabei der Fußabdruck, den ein Tier bei Bewegung auf dem weichen Boden hinterlässt. Eine Spur kann aber weit mehr sein: ein abgewetzter Baumstamm, eine Suhle am Waldboden, ein Erdloch (s. Abb. oben: Typischer Eingang einer Dachshöhle) oder ein Erdhaufen auf der Wiese, ein abgenagter Tannenzapfen, ein abgebissener Zweig, ein aus Halmen geflochtenes Nest im Busch, eine Eierschale, Federn, Kot oder Gewölle und vieles mehr. Dem aufmerksamen und kundigen Spurenleser können Tierspuren eine Menge von der Anwesenheit und dem Verhalten ihrer Verursacher erzählen.

Spuren lassen sich zu jeder Jahreszeit finden, besonders geeignet sind aber die Wintermonate, in denen so mancher Naturliebhaber draußen keine spannenden Erlebnisse erwartet und ungeduldig auf das Erblühen der Wiesen, den Gesang der Vögel oder das Umherschwirren der Insekten wartet. Dabei ist Schnee der ideale Untergrund für den Abdruck von Fußspuren. Pflanzenfresser wiederum weichen im Winter auf Zweige und Rinde aus, an denen oftmals deutliche Spuren verbleiben. In den kahlen Bäumen und Büschen lassen sich die im Sommer durch Blätter verborgenen Nester von Vögeln, Zwergmäusen und Eichhörnchen entdecken.

Den Schwerpunkt in diesem Buch bilden Spuren, die man besonders häufig findet oder die besonders auffällig sind und die von unseren heimischen Säugetieren und Vögeln hinterlassen wurden. Etwas kürzer werden hingegen die unzähligen, spannenden

Spuren der Insekten und anderer Wirbelloser behandelt.

Tieren auf der Spur

Finden Sie nun eine Tierspur, ordnen Sie diese zunächst einem der fünf Spurentypen **Bauten und Nester**, **Trittsiegel und Fährten**, **Fraßspuren**, **Losung und Gewölle** oder **Sonstige Spuren** zu.

Jedem dieser Kapitel ist eine ausführliche Einleitung vorangestellt, die den jeweiligen Spurentyp verständlich beschreibt. Innerhalb der einzelnen Kapitel sind die Spuren nach systematischen Beziehungen geordnet. Beginnend mit den Säugetieren über die Vögel zu den Insekten.

Eichhörnchenspur im Schnee

Sie finden neben der Spur auch das entsprechende Tier dazu abgebildet. Angaben zu Größe, Form, Lage und Beschaffenheit der Spur werden unter **Merkmale Spur** gegeben, während **Merkmale Tier** das Aussehen des jeweiligen Spurenverursachers beschreibt. Hilfreich ist in vielen Fällen der Querverweis auf **Weitere Spuren**: Da Sie zur eindeutigen Identifizierung einer vorgefundenen Spur nach anderen Spuren der jeweiligen Tierart suchen sollten. Eine als Suhle verwendete Schlammgrube im Wald könnte von einem Wildschwein oder einem Rothirsch stammen. Also halten Sie in den schlammigen Randbereichen nach verwertbaren Fußabdrücken, den so genannten Trittsiegeln Ausschau oder aber nach einem Schubberbaum, der je nach Tierart die abgeriebenen Schlammreste in unterschiedlicher Höhe aufweist. Bei einer Bodenmulde in bestimmter Größe und Form könnte es sich um die Sasse eines Hasen handeln. Sicherheit gibt in diesem Fall das Auffinden entsprechender Kotspuren oder auch Losung in unmittelbarer Nähe.

Im **Glossar** auf den Seiten 132/133 werden im Text verwendete wissenschaftliche oder waidmännische Fachwörter aufgelistet und kurz erläutert.

Ich wünsche Ihnen mit diesem Buch viel Freude und faszinierende Erlebnisse beim detektivischen Suchen, Finden und Deuten der Spuren unserer Tiere.

Frank Hecker
Panten-Hammer

Bauten und Nester

Jede Tierart hat in ihrem Bereich, dem Territorium, zumindest zeitweise eine irgendwie geschaffene Behausung, die ein zentraler Bestandteil ist. Dieser in diesem Buch als „Bauten und Nester" zusammengefasste Platz bietet Schutz vor Feinden, der Witterung, dient der Jungenaufzucht, als Schlafplatz, Tagesversteck oder der Überwinterung. Je nach Größe, Form, Baumaterial und Platzwahl sind die Bauten und Nester sehr unterschiedlich. Der kundige Spurenkenner kann in vielen Fällen von der vorgefundenen Behausung auf die entsprechende Tierart schließen. Die Wohnstätten unserer Säugetiere unterscheiden sich ganz beträchtlich. Wir finden einfachste Liegeplätze auf dem blanken Boden bis hin zu kompliziert verzweigten und sich zum Teil über mehrere Etagen erstreckende Wohnbauten.

Die Jungen von Hirschen, Rehen, Wildschweinen und Hasen sind bei der Geburt schon voll entwickelt. Sie können sich danach rasch selbstständig fortbewegen. Die Jungtiere brauchen keine schützende Kinderstube und die Wohnplätze dieser Arten sind einfache Lager oder leichte Vertiefungen direkt am Erdboden, deren Platz sich ständig ändern kann. Hirsche legen sich beispielsweise an einer geschützten Stelle zur Ruhe. Als zurückbleibende Spur dieses Lagers finden wir allenfalls niedergedrückte Vegetation. Im Gegensatz dazu scharren Rehe Laub, Zweige und Pflanzen beiseite, um sich auf den nackten Erdboden zu legen (siehe Bild oben).

Wildschweine haben meist gut versteckte Gruben, in denen sie ruhen („Schlafkessel") oder ihre Jungen zur Welt bringen („Wurfkessel"). Bei besonders kalter Witterung wird mitunter Pflanzenmaterial in den Schlafkessel eingetragen. Auch die als „Sasse" bezeichnete Grube der Hasen ist lediglich eine Bodenvertiefung, in der die Tiere getarnt und windgeschützt ruhen können.

Andere Säugetierarten bringen hingegen nackte und blinde Junge zur Welt, die die ersten Lebenstage oder -wochen in einem wärmenden, vor Feinden geschützten Erdbau, einer Höhle oder einem Nest verbringen müssen. Fledermäuse nutzen vorhandene Höhlungen, Spalten und Nischen in alten Bäumen, Felsen oder auch Gebäuden. Sie verschlafen hier den Tag oder den Winter.

Dachs, Fuchs, Kaninchen, Murmeltier, Hamster, Maulwurf sowie verschiedene Mäusearten graben mit viel Aufwand weit verzweigte und über einen langen Zeitraum genutzte Erdbaue. Vor allem bei Dachs und Kaninchen entstehen dabei im Laufe der Jahre sich über mehrere Etagen erstreckende Wohnungen, in denen es über Flure (Gänge) miteinander verbundene Zimmer (Kammern) gibt.

Eichhörnchen, Haselmaus und Zwergmaus flechten aus Zweigen, Gräsern,

Ein fleißig grabender Dachs

Laub und anderen Materialien Nester in Büschen und Bäumen. Diese Nester können Vogelnestern unter Umständen zum Verwechseln ähnlich sehen.

Feldmäuse bringen ihre Jungen in einem Erdnest zur Welt.

Viele Singvögel bauen kunstvolle Napfnester.

Biber bauen aus Ästen, Zweigen, Steinen und lehmigem Boden riesige Burgen, deren Ein- und Ausgänge unter dem Wasserspiegel liegen. Vögel bauen zur Eiablage und Kükenaufzucht Nester, die wie bei den Säugetieren unterschiedlich aufwändig angefertigt werden. In diesem Buch sind der Übersichtlichkeit halber von den über 200 bei uns brütenden Vogelarten nur die Arten mit besonders typischen Nestern aufgenommen worden.

Austernfischer oder Regenpfeifer aus der Gruppe der Watvögel scharren lediglich eine kleine Mulde in den Erdboden, in die sie ihre hervorragend

Das spärlich ausgestattete Nest der Türkentaube

getarnten Eier direkt auf den blanken Untergrund legen. Die Küken verlassen als so genannte „Nestflüchter" sofort nach dem Schlüpfen das Nest und folgen ihren Eltern.

Im Gegensatz dazu verbringen „Nesthocker" mehrere Tage bis Wochen im Nest und werden hier von den Eltern versorgt. Die Nester dieser Gruppe sind entsprechend aufwändiger angelegt. Das Nest vieler Taubenarten besteht lediglich aus einigen zusammengetragenen Ästchen ohne weitere Auskleidung mit weichen Haaren, Federn oder Pflanzen.

Weit verbreitet sind in der Vogelwelt napf-, kugel- oder beutelförmige Nester aus verschiedenen Pflanzenmaterialien. Meist sind sie gut am Erdboden, in Sträuchern oder auf Bäumen versteckt und werden oft erst im Winter nach dem Laubfall sichtbar. Je nach Größe der Vogelart handelt es sich um winzige Nestchen oder riesige Horste. Eine Reihe von Vogelarten brütet dagegen in Höhlen. Meisen, Kleiber, Hohltauben, Waldkäuze, Stare und Trauerschnäpper nutzen beispielsweise vorhandene Höhlungen und Nischen in Bäumen und Gebäuden oder beziehen aufgehängte Nistkästen.

Spechte hingegen meißeln ihre Behausungen selbst in Baumstämme. Sie schaffen auf diese Weise Wohnraum für nachfolgende Höhlenbrüter, da verlassene Spechthöhlen von einer Reihe von Nachmietern bezogen werden. Eisvögel, Uferschwalben und Bienenfresser graben lange Röhren in Steilwände, an deren Ende sich die Nistkammer befindet.

Besonders spannend und überaus vielgestaltig sind die Bauten vieler Insekten und Spinnen. Der aufmerksame

Eine Spechthöhle im Längsschnitt

Spurensucher wird ihnen in nahezu jedem Lebensraum begegnen. Allein die komplizierten Papier-, Lehm- und Erdnester der Wildbienen- und Wespenarten oder die riesigen Burgen der Ameisen und die trickreichen Spinnennetze würden für sich allein genommen ganze Bücher füllen. In diesem Buch werden die wichtigsten Beispiele beschrieben.

Kreuzspinnennetz mit Tautropfen

Fuchs, Rotfuchs

> Merkmale Spur Bei den Hauptbauen oder so genannten „Mutterbauen" handelt es sich um unterirdischer Erdbaue, die aus verzweigtem Gangsystem mit mehreren Ausgängen und einem Wohnkessel bestehen. Hier werden die Jungen zur Welt gebracht. Nebenbaue oder „Notbaue" hingegen dienen nur als gelegentlicher Unterschlupf bei schlechtem Wetter oder als Fluchtmöglichkeit. Sie sind erheblich kleiner, mitunter nur eine einfache Aushöhlung in der Böschung, an Dämmen oder unter Baumwurzeln. Vor dem Ausgang der Baue bildet sich aus dem ausgegrabenen Boden ein relativ regelmäßiger, fächerförmiger Wall. Durchmesser der Eingangsröhre anfangs 20–25 cm, kann sich im Laufe der Jahre auf bis das Doppelte vergrößern. Bewohnte Fuchsbaue weisen intensiven Raubtiergeruch auf, in unmittelbarer Nähe finden sich häufig Beutereste.

> Merkmale Tier *Vulpes vulpes* Wie ein mittelgroßer, kurzbeiniger Hund mit dichtem, rötlichem Fell und buschigem Schwanz. Die Schwanzspitze ist oft weiß.

> Vorkommen der Spur In Wäldern, deckungsreichen Feldgehölzen und breiten Hecken, nach Möglichkeit in leicht hügeligem Gelände mit relativ lockerem Boden.

> Ähnliche Spuren Bauten des Dachses (s. S. 11) weisen eine „Rutschrinne" auf. Füchse nutzen auch verlassene Dachsbaue, gelegentlich bewohnen sie einen Bau auch gemeinsam.

> Weitere Spuren des Fuchses s. S. 50 und 100.

Dachs

> **Merkmale Spur** Umfangreicher, bis zu 5 m tiefer unterirdischer Bau. Eingänge etwa 30 cm im Durchmesser mit typischer „Rutschrinne". Dachsburgen werden oft über mehrere Generationen hinweg von Familienverbänden bewohnt, wobei die Wohnkessel durch ein weit verzweigtes Gangsystem in mehreren Etagen miteinander verbunden sind. Es kann dann zur Ausbildung landschaftsprägender Wohnanlagen kommen: Untersuchungen haben ergeben, dass diese bis zu 100 Eingänge, über 200 laufende Meter Röhren, 25 bis 30 Kessel und damit ein ausgegrabenes Erdvolumen von etwa 20 m^3 aufweisen können. Wohnkessel werden mit trockenem Gras, Laub und Moos ausgepolstert, im Eingangsbereich kann man häufig verloren gegangenes Material finden. Dachse sind nachtaktiv und verbringen den Tag in ihren Bauen, in denen sie außerdem eine Winterruhe halten. Sie verbringen den größten Teil ihres Lebens unter der Erde.

> **Merkmale Tier** *Meles meles* Kurzbeinig, wirkt plump und schwerfällig. Rücken und Flanken silbrig-grau, Unterseite schwärzlich. Gesicht schwarz und weiß gestreift.
> **Vorkommen der Spur** Bevorzugt in Laub- und Mischwäldern, staunasse Böden werden gemieden.
> **Ähnliche Spuren** Im Unterschied zum Fuchsbau (s. S. 10) mit „Rutschrinne". In der Nähe der Dachsburg finden sich kleine Gruben mit Losung.
> **Weitere Spuren** des Dachses s. S. 51 und 100.

Wildkaninchen

> **Merkmale Spur** Kaninchen sind gesellige Tiere, die in unterirdische Bauanlagen leben. Diese bestehen aus zahlreichen Wohnkesseln, die durch ein bis zu 40 m langes und 3 m tiefes Gangsystem miteinander verbunden sind und zahlreiche Ein- und Ausgängen mit 10–15 cm Durchmesser aufweisen. Außerhalb der Röhren bildet der Aushub deutlich sichtbare Bodenhaufen. In Baunähe finden sich oberirdisch ausgetretene Wechsel zwischen den Ein- und Ausgängen, außerdem stets charakteristische Losung (s. S. 102) und kurz gefressene Vegetation. Während der Jungenaufzucht gibt es außerdem so genannte Wurfbaue, die aus einer einfachen Röhre bestehen und blind in einem Kessel enden. Dieser Kessel wird mit Heu, Haaren und Moos sowie anderen weichen Materialien ausgepolstert.

> **Merkmale Tier** *Oryctolagus cuniculus* Hasenähnlich, aber kleiner, rundlicherer Kopf und stets aufgerichtete Ohren, deren Spitzen niemals schwarz gefärbt sind (vgl. Feldhase S. 13).

> **Vorkommen der Spur** Dünen, Heideflächen, Waldränder, lichte Wälder und parkähnliche Landschaften mit trockenen, sandigen Böden. Steinige und nasse Böden werden gemieden.

> **Ähnliche Spuren** Verlassene Kaninchenbauten können von Mardern wie Iltis oder Mink bewohnt und weiter ausgebaut werden, so dass sich auch in diesem Fall frische Grabungen finden. Man achte daher in Baunähe auf weitere Spuren wie Trittsiegel und Losung.

> **Weitere Spuren** des Kaninchens s. S. 102.

Feldhase

> **Merkmale Spur** Im Gegensatz zum verwandten Kaninchen leben Hasen als Einzelgänger und graben keine Erdbaue. Stattdessen verbringen sie ihre Ruhephasen in so genannten Sassen: Dabei handelt es sich um eine leichte, gerade Hasenkörper große, 10–12 cm tiefe Mulde im Boden oder Schnee. Oft ist der Boden sauber gescharrt und die blanke Erde sichtbar. Die Sasse liegt meist windgeschützt in einer Ackerfurche, hinter einem Grasbult oder in einer Böschung. Sie dient den Hasen auch als Versteck, in das sie sich bei nahender Gefahr ducken und erst im letzten Augenblick herausspringen. Während die Jungen von Kaninchen bei der Geburt noch nackt und blind sind, bringen Hasen bereits weit entwickelte Junge mit geöffneten Augen und vollständiger Behaarung auf die Welt. Sie sind nicht auf ein wärmendes Nest oder einen unterirdischen Bau angewiesen.
> **Merkmale Tier** *Lepus europaeus* Etwa katzengroß mit langen Ohren und langen Hinterbeinen. Ohrspitzen stets schwarz (vgl. Wildkaninchen S. 12). Der Schwanz ist oberseits schwarz, unterseits weiß.
> **Vorkommen der Spur** In Acker- und Wiesenlandschaften, in Feldgehölzen und kleinen Wäldchen.
> **Ähnliche Spuren** Auch Rehe scharren mitunter Blätter und Zweige zur Seite, um direkt auf dem Erdboden zu ruhen, die freien Stellen sind aber größer und haben keine muldenartige Vertiefung.
> **Weitere Spuren** des Feldhasen s. S. 54 und 102.

Wühlmaus

> Merkmale Spur Wühlmäuse leben in weit verzweigten unterirdischen Bauen, die meist mehrere Ein- bzw. Ausgänge besitzen. Bei den kleineren Arten wie Feld- und Rötelmaus haben diese einen Durchmesser von 3–4 cm, bei der größeren Schermaus von 6–8 cm. Die Gänge verlaufen oberflächennah und verbinden die unterirdischen Nest- und Vorratskammern. Oberirdisch sind die Ein- und Ausgänge meist durch in die Vegetation genagte Wechsel miteinander verbunden, so dass bei drohender Gefahr eine schnelle Flucht unter die Erde möglich ist.

> Merkmale Tier Feld-, Rötel-, Erd- und Schermaus gehören zu den so genannten Wühlmäusen. Sie haben im Vergleich zu den Echten Mäusen wie Gelbhals-, Brand- oder Waldmaus relativ kurze Ohren und einen kürzeren Schwanz.

> Vorkommen der Spur Je nach Art werden nahezu alle Lebensräume besiedelt: Feldmaus im offenen Gelände, Rötelmaus im Wald, Erdmaus in Sümpfen und Mooren, Schermaus meist in Gewässernähe, aber auch in Gärten und auf Wiesen.

> Ähnliche Spuren Außerhalb von Gebäuden lebende Wanderratten legen ebenfalls unterirdische Gangsysteme an, deren Eingangslöcher etwa einen Durchmesser von 6–8 cm haben. Im Gegensatz zu Schermäusen findet sich der Aushub in Haufen direkt an den Löchern.

> Weitere Spuren der Wühlmäuse s. S. 67 und 102.

Maulwurf

> **Merkmale Spur** Maulwürfe leben einzelgängerisch unter der Erde in weit verzweigten, bis zu 1 m tiefen selbst geschaufelten Gang- und Kammersystemen. Das Aushubmaterial werfen sie mit ihren schaufelförmigen Vorderbeinen zu den bekannten Maulwurfshügeln auf. Beim Anlegen der etwa 5 cm weiten Gänge hinterlassen die Tiere in regelmäßigen Abständen gleich große, kegelförmige Erdhaufen mit einem Durchmesser von etwa 10–20 cm. Größere Haufen entstehen, wenn unterirdische Nest- oder Vorratskammern angelegt und entsprechend mehr Boden ausgegraben wird. Große Maulwurfshügel mit einer Höhe von etwa 50 cm entstehen insbesondere im Winter: Unter ihnen befindet sich eine große Erdkammer mit einem gepolsterten Nest aus wärmendem Laub, Moos und frischem Pflanzenmaterial.

> **Merkmale Tier** *Talpa europaea* Wie eine große Maus mit mächtigen Grabklauen, samtweichem schwarzem Fell und winzigen Augen und Ohren.

> **Vorkommen der Spur** Auf Wiesen und Äckern mit lockerer Erde, in Gärten und lichten Wäldern.

> **Ähnliche Spuren** Schermäuse werfen bei ihrer unterirdischen Wühltätigkeit ebenfalls Erdhaufen auf. Diese sind meist flacher und unregelmäßig geformt, die Struktur des ausgeworfenen Bodens ist viel feiner. Das Einschlupfloch in das Gangsystem liegt bei Schermäusen meist ein Stück vom Haufen entfernt, bei Maulwürfen liegt es teilweise gut sichtbar inmitten des Hügels.

Eichhörnchen

› Merkmale Spur Eichhörnchen bauen zum Schlafen und zur Aufzucht der Jungen Baumnester, die als Kobel bezeichnet werden. Sie sind kugelförmig, 30–50 cm im Durchmesser und besitzen 1 oder 2 seitliche Einschlupflöcher. Im Innern liegt das Eichhörnchen zu einer kompakten Kugel aufgerollt. Die Kobel bestehen aus miteinander verflochtenen, abgebissenen Zweigen, innen ausgepolstert mit Laub, Gras, Moos und aufgefaserter Borke. Meist werden sie im oberen Bereich von Bäumen nahe am Stamm auf einer Astgabel angelegt. Kobel, in denen die Jungen geboren oder die kalten Wintermonate verbracht werden, sind sorgfältig und solide gebaut. Daneben besitzt jedes Eichhörnchen einfacher gebaute Kobel, die im Sommer als Schlafplatz oder zur Ruhepause am Tag bezogen werden.

› Merkmale Tier *Sciurus vulgaris* Bis zu 25 cm groß mit fast ebenso langem, buschigem Schwanz. Fell oberseits im Sommer leuchtend rostrot, im Winter dunkler, unterseits weißlich. In den Wintermonaten deutlich sichtbare Pinselohren.

› Vorkommen der Spur Auf Bäumen und Büschen in Wäldern, Parks und Gärten mit älterem Baumbestand.

› Ähnliche Spuren Elsternester (s. S. 27) sind in der Form ähnlich, aber größer, nach oben hin offener, weniger dicht verwoben und meist nicht in Stammnähe angebracht, sondern weiter außen zwischen den Zweigen.

› Weitere Spuren des Eichhörnchens s. S. 55, 69 und 71.

Zwergmaus

> **Merkmale Spur** Zwergmäuse bauen während der Sommermonate ein kunstvoll gefertigtes, kugelförmiges Nest mit einem Durchmesser von 6–10 cm. Es hängt zwischen Gräsern, Schilf oder Getreidehalmen, meist in einer Höhe von etwa 30–100 cm. Beim Bau werden die Blätter benachbarter Pflanzen gespalten und miteinander verflochten, oft ohne sie dabei abzutrennen. So bleiben die Blätter grün und dienen der Tarnung. Das Nest wird durch zusätzliche, ebenfalls der Länge nach gespaltene Grasblätter weiter ausgebaut und ausgepolstert. Die Nester, in denen die Jungen geboren werden, sind meist etwas größer, von größerer Stabilität und innen oftmals zusätzlich mit wolligen Pflanzensamen ausgepolstert. Im Winter werden Bodennester angelegt.

> **Merkmale Tier** *Micromys minutus* Kleine, 5–8 cm lange Maus, oberseits ockerfarben, unterseits scharf abgegrenzt weißlich. Der lange Schwanz wird beim Klettern zwischen Gräsern und Stauden um die Pflanzenstängel gewickelt.

> **Vorkommen der Spur** Bevorzugt auf feuchten Wiesen zwischen Gräsern und Kräutern, auch in Getreideäckern.

> **Ähnliche Spuren** Haselmäuse (*Muscardinus avellanarius*) bauen ebenfalls kugelförmige Nester. Man findet sie aber eher in dichtem Gebüsch unterholzreicher Laub- und Mischwälder in einer Höhe von 0,5 bis 4 m, auch noch in Baumkronen. Als Baumaterial verwenden sie trockene Gräser, Laub, Moos, Flechten und Rindenfasern.

Biber

> Merkmale Spur Biber bauen große, stabile Burgen inmitten ihrer Wohngewässer oder an deren Ufern. Sie werden über Generationen hinweg genutzt und immer weiter ausgebaut. Solche „Familienburgen" können so eine Höhe von 2 m und einen Durchmesser von bis zu 12 m erreichen. Als bevorzugtes Baumaterial werden Äste, Zweige, Steine und Schlamm verwendet. Innerhalb der Burg legen die Tiere oberhalb des Wasserspiegels einen geräumigen Wohnkessel und weitere Räume zum Fressen und Schlafen an. Mitunter bauen Biber aber auch nur einen einfachen Erdbau mit Wohnkessel in die Gewässerufer. Die Eingänge zu den Wohnanlagen liegen in beiden Fällen zum Schutz vor Feinden immer unterhalb des Wasserspiegels und werden tauchend von den Bibern erreicht. Neben der eigentlichen Burg legen Biber aus den gleichen Materialien Dämme an, mit denen sie Fließgewässer zu Teichen aufstauen. Die Dämme sind äußerst stabil, im Extremfall können sie bis zu 100 m überbrücken.

> Merkmale Tier *Castor fiber* Fuchsgroßes Nagetier mit breitem, abgeplattetem, schuppigem Schwanz.

> Vorkommen der Spur In naturnahen Flussauen mit stehenden und fließenden Gewässern. War bei uns fast ausgestorben, mittlerweile wieder in Ausbreitung begriffen.

> Ähnliche Spuren Wohnburgen des Bisams (s. S. 19) sind kleiner und bestehen nicht aus Ästen und Zweigen, sondern aus Schilf und Rohrkolben.

> Weitere Spuren des Bibers s. S. 66.

Bisam, Bisamratte

> **Merkmale Spur** Bisamratten legen je nach Lebensraum zwei grundsätzlich unterschiedliche Arten von Wohnbauten an: Sind steile Ufer vorhanden immer graben sie ausgedehnte Gangsysteme in die Uferböschungen. Wenn dabei wasserbaulich relevante Deiche und Dämme unterhöhlt werden, können erhebliche Schäden entstehen. In flachen Gewässern hingegen bauen sie aus Schilf, Rohrkolben und anderen Pflanzenmaterialien kegelförmige, bis zu 1 m hohe und 2–3 m im Durchmesser große Wohnburgen. Im näheren Umkreis dieser Burgen ist beinahe die gesamte Vegetation abgefressen bzw. verbaut. Der Eingang zur Burg liegt unter Wasser, im Innern befindet sich ein Gangsystem, das meist zu mehreren Wohnkesseln oberhalb des Wasserspiegels führt. Derartige Wohnburgen werden meist über mehrere Jahre genutzt.

> **Merkmale Tier** *Ondatra zibethicus* Kaninchengroße, braune Wühlmaus (keine Ratte!) mit dichtem, weichem Fell und kurzen Ohren. Schwanz fast körperlang, schmal, seitlich abgeplattet. Als wertvolles Pelztier und Jagdwild wurde die ursprünglich in Nordamerika beheimatete Bisamratte Anfang des 20. Jahrhunderts in Mitteleuropa eingebürgert. Hier konnte sich das anpassungsfähige Tier sehr schnell ausbreiten.

> **Vorkommen der Spur** In bewachsenen Teichen und Seen, Kanälen und langsam fließenden Flüssen.

> **Ähnliche Spuren** Vergleich zur Biberburg s. S. 18.

> **Weitere Spuren** des Bisams s. S. 78.

Amsel

Schnabel und Augenring. Weibchen dunkelbraun, unterseits verwaschen gefleckt. Wohlklingender, flötender, abwechslungsreicher Gesang.

> Vorkommen der Spur Als Neststandort dienen Bäume, Büsche und Asthaufen, im Siedlungsbereich gerne zwischen Fassadenbegrünung, auf Dachbalken, in Schuppen oder in sonstigen Nischen. Die Amsel ist eine der häufigsten Brutvögel in Wäldern, Hecken, Parks und Gärten.

> Merkmale Spur Das Amsel-Weibchen baut ihr napfförmiges Nest meist relativ niedrig in einer Höhe von unter 3 m. Die Basis des Nestes besteht aus dünnen Zweigen, Halmen und Moos. Der Außendurchmesser beträgt 10–16 cm, die Höhe 7–10 cm. Die Nestmulde wird mit feuchter Erde verkleistert und anschließend mit feinem Pflanzenmaterial wie Gräsern und feinen Wurzeln ausgekleidet. Meist 4 oder 5, selten 2 oder 7 Eier.

> Merkmale Tier *Turdus merula* Männchen schwarz mit gelbem

> Ähnliche Spuren Das ähnliche Napfnest der Singdrossel liegt meist etwas höher. Die Nestmulde wird mit feuchter Erde oder Lehm, oft auch mit Holzmulm vermischt, ausgestrichen und im Unterschied zur Amsel allerdings nicht weiter ausgepolstert. Sie ist also glattwandig. Die Napfnester anderer in ähnlichen Biotopen brütender Singvögel wie etwa Grasmücken und Grauschnäpper werden innen nicht mit Erde oder Lehm ausgekleidet.

> Weitere Spuren der Amsel s. S. 59, 74, 103, 129.

Zaunkönig

> **Merkmale Spur** Das Zaunkönig-Männchen baut im zeitigen Frühjahr mehrere unfertige Nester zur Auswahl für das Weibchen. Neststandort meist bodennah, selten über 2 m hoch in Asthaufen, im Wurzelgeflecht einer Uferböschung, im Wurzelteller umgestürzter Bäume, zwischen Kletterpflanzen oder Koniferen, in Höhlungen und Nischen. Das kugelförmige Außennest besitzt einen seitlichen Eingang, besteht aus Moos, trockenem Laub, Halmen und Ästchen und hat einen Durchmesser von etwa 15 cm. Das Weibchen kleidet das ausgewählte Nest mit Moos, Federn, Haaren und anderen weichen Stoffen von innen aus. 4–8, meist 5–7 Eier. Die Nester werden oft über mehrere Jahre hinweg genutzt.

> **Merkmale Tier** *Troglodytes troglodytes* Winziger, brauner Vogel mit kurzem, meist steil aufgerichtetem Schwanz. Lang anhaltender, lauthals schmetternder und trillernder Gesang.

> **Vorkommen der Spur** In unterholzreichen Wäldern, Hecken, Parks und Gärten mit geschützten Dickichten und Schlupfwinkeln.

> **Ähnliche Spuren** Da Zaunkönige gerne in Gewässernähe brüten, ist hier eine Verwechslung mit dem ebenfalls kugelförmigem Moosnest der Wasseramsel durchaus möglich. Es ist jedoch deutlich umfangreicher und hat meistens einen Durchmesser von mindestens 20 cm. Ebenfalls kugelförmige Nester bauen auch Zwerg- und Haselmäuse (vgl. S. 17).

> **Weitere Spuren** des Zaunkönigs s. S. 129.

Teichrohrsänger

> Merkmale Spur Die Weibchen bauen ihre Nester im Ufer- oder Flachwasserbereich in Form tiefer Körbchen, die in 60–100 cm Höhe zwischen mehreren senkrechten Schilfstängeln, seltener zwischen anderen senkrechten Halmen, aufgehängt sind. Dabei werden zunächst Halme um die Schilfstängel gedreht, so dass eine Art Plattform entsteht. Von ihr ausgehend, wird das Nestmaterial dann in Schlaufen um die Trägerhalme gelegt und die jeweiligen Enden in der entstehenden Nestwand verankert. Das Nest hat einen Durchmesser von etwa 10 cm, die Nestmulde ist 4–7 cm tief. 3–7, meist 5 Eier.

> Merkmale Tier *Acrocephalus scirpaceus* Etwas kleiner als ein Spatz. Oberseits braun, im Bürzelbereich rostbraun, unterseits cremefarben, insgesamt völlig ungestreift. Auffällig durch seinen lauten, schnellen, kratzigen Gesang. Zugvogel, in unseren Breiten von etwa Mai bis Oktober, während der Wintermonate in den Savannen Afrikas.

> Vorkommen der Spur Schilfbewachsene Ufer an Teichen, Seen und langsam fließenden Gewässern.

> Ähnliche Spuren Das sehr ähnliche Nest von Drosselrohrsängern hängt ebenfalls fast immer zwischen Schilfstängeln, oft aber etwas niedriger und am Rand zum offenen Wasser. Sumpfrohrsänger hängen ihr Nest meist zwischen Brennnesselstängeln auf, niemals über dem Wasser, die Nestmulde ist weniger tief.

> Weitere Spuren des Teichrohrsängers s. S. 128.

Beutelmeise

> Merkmale Spur Beutelmeisen bauen ein kunstvolles, beutelförmiges Nest, das meist in 2–8 m Höhe an dünnen Zweigenden von am Ufer stehenden Weiden, Pappeln oder Birken aufgehängt ist, oft über dem Wasser. Als Baumaterial für das dickwandige, etwa 15–20 cm hohe Nest dienen dicht verfilzte Samenhaare von Pappeln, Weiden und Rohrkolben, Tierhaare sowie Pflanzenfasern von Brennnesseln, Schilf und anderen Pflanzen. Zunächst flechten die Männchen einen Ring um geeignete Ästchen, der dann zum so genannten „Henkelkorbstadium" ausgebaut wird. Gelingt es dem Männchen, ein Weibchen für seinen Nestvorschlag zu gewinnen, wird der Bau gemeinsam fertig gestellt. Als Eingang in den Nestbeutel dient eine etwa 4 cm lange, seitliche Eingangsröhre. 4–8, selten bis zu 10 kleine, reinweiße Eier.

> Merkmale Tier *Remiz pendulinus* Kleiner als ein Spatz. Rücken rotbraun, Unterseite hell. Der Kopf ist grau mit einer schwarzen Gesichtsmaske. Ruft sehr hoch „ziih", oftmals mehrfach kurz hintereinander. Bei uns brüten diese Vögel ab März/April, den Winter verbringen die Kurzstreckenzieher im Mittelmeerraum.

> Vorkommen der Spur Auf Bäumen an Gewässerufern und in Feuchtgebieten, gern in Auwäldern.

> Ähnliche Spuren Schwanzmeisen bauen ein kunstvolles, aber kugelförmiges Nest aus Moos, Flechten, Pflanzenwolle und Spinnweben. Es wird meist in dichtem Gebüsch oder auf Astgabeln von Bäumen angelegt.

Eisvogel

> **Merkmale Spur** Eisvögel graben eine Brutröhre meist in senkrechten oder überhängenden Steilufern von Bächen, Flüssen oder Seen, mitunter auch in Abbruchkanten, steilen Böschungen oder den Wurzeltellern umgestürzter Bäume in bis zu 1 km Entfernung vom Gewässer. Dabei wird der Boden mit dem kräftigen Schnabel gelockert und mit Beinen und Schwanz nach außen befördert. Höhleneingang etwa 5 cm im Durchmesser. Die bis zu 1 m lange horizontale oder leicht ansteigende Röhre endet in einer erweiterten rundlichen Nistkammer, die nicht weiter ausgepolstert wird. Ist die Nisthöhle besetzt, ist der Eingangsbereich durch Kot verschmutzt. Meist 2, selten auch 3 oder sogar 4 Bruten pro Jahr.

> **Merkmale Tier** *Alcedo atthis* Etwa spatzengroß. Prächtig türkis und orange gefärbt. Langer, dolchartiger Schnabel, kurzer Schwanz, stummelförmige Beine. Auffällig im Flug, wenn er mit lauten „tsiiehh"-Rufen pfeilartig dicht über der Wasseroberfläche davonschießt.

> **Vorkommen der Spur** An Steilwänden in der Nähe von klaren Gewässern mit ausreichendem Angebot an Kleinfischen.

> **Ähnliche Spuren** Im Gegensatz zum einzelgängerischen Eisvogel sind Uferschwalben (s. S. 25) und Bienenfresser Koloniebrüter, deren Niströhren immer zu mehreren in einer Steilwand liegen. Das Eingangsloch der viel größeren Blauracke ist etwa 10 cm im Durchmesser und liegt nicht in unmittelbarer Gewässernähe.

Uferschwalbe

> Merkmale Spur Uferschwalben sind ausgeprägte Koloniebrüter, die ihre Neströhren dicht an dicht in sandigen oder lehmigen, meist fast senkrechten Steilwänden mit freiem Anflug anlegen. Meist umfasst eine Kolonie 50–100 Brutpaare, an der Ostseeküste können es sogar maximal bis zu 2000 Vogelpaare sein. Die bis etwa 1 m lange Niströhre wird vom Männchen in tagelanger Arbeit mit den Füßen gegraben und erweitert sich am Ende zu einer etwa 10 cm großen, kugelförmigen Kammer, die mit trockenen Halmen, Federn, Haaren und ähnlichem ausgepolstert wird. Das Einflugsloch hat einen Durchmesser von etwa 5 cm. Meist 4–6 weiße, glänzende Eier. Je nach Witterung 1 oder 2 Jahresbruten.

> Merkmale Tier *Riparia riparia* Etwa Spatzengroß. Braune Oberseite, weiße Unterseite mit braunem Brustband. Im Gegensatz zur ähnlichen Mehlschwalbe (s. S. 26) kein weißer Bürzel. Schwanz im Vergleich zu anderen Schwalbenarten nur schwach gegabelt. Zugvogel, im Winter in Afrika, in der Regel Ankunft am Brutplatz im März und April.

> Vorkommen der Spur An sandigen Steilwänden von Flüssen oder an der Meeresküste, mitunter riesige Kolonien an der Ostsee-Steilküste. Heute vielfach Ersatzbrutplätze in Kies- und Sandgruben.

> Ähnliche Spuren Auch Bienenfresser brüten in Kolonien an Steilabbrüchen, gerne ebenfalls in Gewässernähe. Ihre waagrechten Bruträhren sind 1–3 m lang, das querovale Einflugsloch ist 5–7 cm hoch und 6–10 cm breit.

Mehlschwalbe

> **Merkmale Spur** Mehlschwalben nisten meist in kleineren Kolonien an rauen Außenwänden von Gebäuden, gerne geschützt direkt unter Dachvorsprüngen oder Regenrinnen, gelegentlich auch unter Brücken. Zum Nestbau holen sie mit ihrem Schnabel Lehmklümpchen aus Pfützen, die mit Speichel und Pflanzenfasern vermischt zu einer bis auf ein kleines Einflugsloch geschlossenen Halbkugel verklebt werden. Das Innere wird mit Moos, Federn und dergleichen ausgepolstert. Gerne werden vorjährige Nester erneut benutzt und gegebenenfalls ausgebessert. Meist 3–5 weißliche Eier.

> **Merkmale Tier** *Delichon urbica* Etwa spatzengroß, kurz gegabelter Schwanz ohne die langen Schwanzspieße der Rauchschwalbe. Die Oberseite ist metallisch blauschwarz, die Unterseite reinweiß, von allen europäischen Schwalben gut durch den weißen Bürzel zu unterscheiden. Zugvogel, in den Wintermonaten in Afrika, meist ab April am Brutplatz.

> **Vorkommen der Spur** An landwirtschaftlichen Gebäuden, aber auch in Siedlungen vom Einzelhaus bis zum Großstadtzentrum.

> **Ähnliche Spuren** Auch Rauchschwalben bauen Lehmnester in Dörfern und Städten. Ihre Nester findet man allerdings fast ausschließlich im Innern von Gebäuden wie Stallungen, Lagerhallen oder Garagen. Sie sind schalenförmig, oft hängen eingearbeitete längere Pflanzenhalme heraus.

> **Weitere Spuren** der Mehlschwalbe s. S. 129.

Elster

> **Merkmale Spur** Elstern bauen ihre Nester oft weithin sichtbar im Wipfelbereich von Bäumen, gelegentlich auch gut versteckt in niedrigeren Büschen und Hecken. Es handelt sich um robuste, umfangreiche Zweignester, die eine kuppelförmige Überdachung aufweisen. Sie sind bis auf einen seitlichen Eingang geschlossen und kugelförmig. Die Brutpaare bauen zunächst aus Zweigen eine Plattform, die zusätzlich durch Schlamm mit den Trägerästen verankert wird. Nachdem die Seitenwände und das Dach errichtet sind, wird die Nestmulde mit Schlamm und Erde geformt und mit Haaren, feinen Wurzeln und weichem Pflanzenmaterial ausgepolstert. Mitunter werden die Nester vom Vorjahr auch wiederbezogen, dann aber oft vergrößert und ausgebessert. Meist legen die Vögel 5–7, selten bis 9 Eier.

> **Merkmale Tier** *Pica pica* Etwas kleiner als eine Krähe, auffällig schwarz und weiß gezeichnet, mit extrem langem Schwanz.

> **Vorkommen der Spur** Offene Kulturlandschaft mit Büschen und Bäumen, in Dörfern und Städten, in Gärten und Parks.

> **Ähnliche Spuren** Unterschied zum Eichhörnchen-Kobel s. S. 16. Auf die Entfernung könnte man Elsternester mit den in der Wuchsform ähnlichen so genannten „Hexenbesen" verwechseln: Dies sind durch parasitische Schlauchpilze verursachte abnorme Zweigwucherungen auf Birken.

> **Weitere Spuren** der Elster s. S. 129.

Saatkrähe

innerörtliche Brutkolonien der Saatkrähe sind bei Anwohnern wegen der Lärm- und Schmutzbelästigung wenig beliebt. Legebeginn oft bereits im März, meist 3–5, selten bis 8 Eier.

> Merkmale Tier *Corvus frugilegus* Glänzend blauschwarz. Altvögel im Gegensatz zur sehr ähnlichen Rabenkrähe mit unbefiederter, hellgrauer Schnabelbasis.

> Vorkommen der Spur Offene Kulturlandschaft mit Gehölzen, auch in Dörfern und Städten.

> Ähnliche Spuren Rabenkrähen brüten stets einzeln in lichten Wäldern, an Waldrändern, in Hecken, in Dörfern und in Stadtparks. Sie legen ihr im Bau und Aussehen ähnliches Reisignest meist in Astgabeln hoch oben in einer Baumkrone an. Auch die wesentlich größeren Kolkraben brüten als Einzelgänger, ihr Nest ist auch deutlich größer als das der Saatkrähe und erinnert eher an den Horst eines Greifvogels.

> Weitere Spuren der Krähe s. S. 80 und S. 130.

> Merkmale Spur Saatkrähen bauen ihre umfangreichen Nester meist in großen, bei entsprechenden Möglichkeiten Hunderte von Paaren umfassenden Kolonien im Kronenbereich einer Baumgruppe. Als Nistmaterial werden Zweige und Reisig verflochten, die mit Erde oder auch kleineren Grassoden zusätzlich miteinander verbunden werden. Die Nestmulde wird mit Federn, Haaren und Gras ausgekleidet. Vorjährige Nester werden, ähnlich wie bei den Elstern, in der Regel ausgebessert und häufig wiederbenutzt. Insbesondere

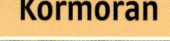

Kormoran

> **Merkmale Spur** Kormorane brüten in Kolonien, die aus einigen wenigen, aber auch aus über 1000 Brutpaaren bestehen können. Ihre Nester bauen sie aus Ästen und Zweigen, innen ausgepolstert mit Wasserpflanzen und Gräsern, an der Küste häufig mit Tang. Meist liegen die Nester im Wipfelbereich höherer Bäume, an der Küste auch auf Klippen, selten am Boden. Oft bringt der massenhafte, ätzende Kot der Alt- und Jungvögel die Brutbäume zum Absterben, wodurch eine Brutkolonie ein etwas gespenstisches Aussehen erhält. Früher Brutbeginn mitunter bereits im Februar, sonst im März. Meist 3–4, selten 5 bläuliche Eier.
> **Merkmale Tier** *Phalacrocorax carbo* Etwa gänsegroß mit langem Hals und kräftigem Hakenschnabel. Metallisch schwarz glänzend, im Prachtkleid mit weißer Zeichnung an Kopf, Hals und Beinen. Trocknet sich auffällig mit ausgebreiteten Flügeln. Flugbild kreuzförmig mit kurzem Schwanz. Da sich Kormorane nahezu ausschließlich von

Fisch ernähren, sind sie bei vielen Berufsfischern und Anglern als Konkurrenten verhasst.
> **Vorkommen der Spur** An größeren Binnengewässern und an der Meeresküste.
> **Ähnliche Spuren** Kormorane brüten mitunter in Graureiher- oder Saatkrähenkolonien (s. S. 28). Die Nester der Reiher sind deutlich größer, die der Krähen kleiner. Da aber die Kormorane deren Nester gerne überbauen, geraten diese Größenverhältnisse durcheinander.

Buntspecht

> Merkmale Spur Buntspechte brüten in Baumhöhlen, die sie jedes Jahr neu in meist geschwächte Laub- und Nadelbäume zimmern. Das rundliche Einschlupfloch ist 4,5–5,5 cm im Durchmesser und führt in eine Kammer, die etwa 25–50 cm hoch ist und einen Innendurchmesser von 10–15 cm hat (vgl. Foto S. 9). Die Höhle kann in einer Stammhöhe von 1–25 m liegen, meist aber zwischen 4 bis 8 m. Meist 4–7, selten mehr glänzend weiße Eier. Auch außerhalb der Brutzeit werden die Höhlen gerne als Schlafplatz genutzt, häufig werden dazu auch extra Schlafhöhlen gezimmert.

> Merkmale Tier *Dendrocopos major* Etwa amselgroß. Schwarz und weiß gezeichnete Oberseite, Unterschwanz auffällig rot, Bauch und Flanken weißlich, schwarze Kopfkappe. Männchen mit rotem Nackenfleck. Jungvögel mit rotem Scheitel.

> Vorkommen der Spur Vor allem in Wäldern, Parks und Gärten mit älterem Baumbestand.

> Ähnliche Spuren Auch alle anderen heimischen Spechte zimmern Bruthöhlen in Baumstämme: Beim Kleinspecht misst das Einschlupfloch nur einen Durchmesser von 3–3,5 cm, beim Mittelspecht 3,5–4,5 cm. Beim viel größeren Schwarzspecht ist das Loch stets länglich und 10–17 cm hoch und 7–12 cm breit. Da Spechte jedes Jahr eine neue Höhle bauen, schaffen sie Wohngelegenheiten für in Höhlen lebende Tiere.

> Weitere Spuren des Buntspechts s. S. 72.

Kleiber

> **Merkmale Spur** Kleiber sind Höhlenbrüter, die ihre Nester in ausgefaulten Baumhöhlen, verlassenen Spechthöhlen, Mauerlöchern oder auch Nistkästen in einer Höhe zwischen 1 und 20 m anlegen. Der Name „Kleiber" leitet sich von „Kleber" ab: Die Brutvögel verkleben nämlich das Eingangsloch zu ihrer Höhle mit Lehm bis auf einen Durchmesser, der ihnen gerade noch den Einschlupf erlaubt. Fressfeinde und Nistplatzkonkurrenten werden so ausgesperrt. Auch im Innern der Höhle werden Ritzen und scharfe Kanten mit Lehm verklebt. In die Höhle werden morsche Holz- und Rindenstücke als Unterlage für das eigentliche Nest aus meist dünner Kiefernrinde eingetragen. Vorjahreshöhlen werden häufig gereinigt, ausgebessert und wiederbezogen. 5–9 weißliche Eier mit rötlicher oder bräunlicher Fleckung.

> **Merkmale Tier** *Sitta europaea* Spatzengroß mit spechtartigem Schnabel, gedrungenem Körperbau und kurzem Schwanz. Rücken gräulich blau, Flanken und Unterseite rötlich braun-orange. Kräftiger schwarzer Augenstreif. Einziger Vogel, der kopfüber an senkrechten Stämmen herabklettert.

> **Vorkommen der Spur** In Laub- und Mischwäldern, Parks und Gärten.

> **Ähnliche Spuren** Das Verkleben des Höhleneinganges ist einzigartig und unverwechselbar. Allerdings können in verlassenen Kleiberhöhlen später auch andere höhlenbrütende Arten wie beispielsweise Meisen eingezogen sein.

> **Weitere Spuren** des Kleibers s. S. 127

Stockente

> Merkmale Spur Stockenten verstecken ihr Nest typischerweise in der Nähe eines Gewässers am Boden. Die Ufervegetation wird etwas niedergedrückt, so dass eine flache Mulde im Untergrund entsteht. Diese wird dann mit Pflanzenmaterial aus der Umgebung, Blättern, Federn und schließlich weichen Dunen ausgelegt. Allerdings sind eine Vielzahl von abweichenden Neststandorten bekannt: auf Wiesen und Äckern weiter vom Wasser entfernt, in und an Gebäuden, unter Büschen, in großen Baumhöhlen, auf Kopfweiden und in verlassenen Baumnestern anderer Vögel. Meist legt das Weibchen 5–11 mattglänzende, grünliche, 5–6 cm lange Eier, in Extremfällen zwischen 5 und 18. Zur Paarbildung kommt es meist bereits im Herbst, der Legebeginn ist abhängig von der Witterung, kann bereits im Februar erfolgen, sonst von März bis Juni.

> Merkmale Tier *Anas platyrhynchos* Männchen im Brutkleid mit flaschengrünem Kopf, gelbem Schnabel und schokoladenbrauner Brust, ansonsten gräulich. Weibchen schlicht bräunlich. Beide Geschlechter mit metallisch blauem Flügelfeld.

> Vorkommen der Spur An stehenden und langsam fließenden Gewässern, auch an Stadtteichen, unsere häufigste Ente.

> Ähnliche Spuren Stockenten legen typische Entennester an, die ohne Sichtung der Brutpaare kaum zu unterscheiden sind.

> Weitere Spuren der Stockente s. S. 56.

Höckerschwan

> **Merkmale Spur** Höckerschwäne bauen ihr mächtiges, im Durchmesser 1,5–2 m großes, burgförmiges Nest am Gewässerufer oder auf einer kleinen Insel, immer auf trockenem, leicht erhöhtem Untergrund. Es besteht aus Schilf, Binsen, Reisig und anderem Pflanzenmaterial aus der näheren Umgebung, das die Vögel sammeln. Die Nestmulde wird mit Blättern und Daunenfedern ausgepolstert. Die Gelegegröße beträgt meist 5–8 faustgroße Eier, selten 4-11. Eiablage meist von Mitte April bis Mai. Ein großer Teil der Schwanenpaare führen eine Dauerehe und bleiben ihr Leben lang zusammen. Sie nutzen dann häufig ihr Nest auch alle Jahre wieder, das durch Eintragen weiteren Nistmaterials noch massiver und immer größer wird.
> **Merkmale Tier** *Cygnus olor* Großer, weißer Wasservogel. Langer Hals oft S-förmig gebogen. Roter Schnabel mit schwarzem Stirnhöcker (Name!), dieser beim Männchen größer. Jungvögel gräulich-braun.

> **Vorkommen der Spur** An Seen, langsam fließenden Flüssen und Parkteichen, auch an Meeresküsten.
> **Ähnliche Spuren** Auf Grund seiner Größe ist das Höckerschwannest unverkennbar. Imposant, wenn auch deutlich kleiner, sind die Nester der größeren Gänsearten: Kanadagänse bauen ihre Nester ebenfalls in direkter Gewässernähe, gerne auf wenig bewachsenen Inseln. Graugänse brüten häufig in kleineren Kolonien, ihre Nester sind meist gut versteckt, oft erhöht auf Pflanzenbulten.

Gartenkreuzspinne

> Merkmale Spur Kreuzspinnen bauen ihr radförmiges, senkrecht oder leicht schräg aufgespanntes Netz meist in Bodennähe zwischen Stauden oder den unteren Zweigen von Büschen und Bäumen, gern auch im Siedlungsbereich an Zäunen oder Fenster- und Türecken. Vom Zentrum des Netzes, der Narbe, gehen in regelmäßigen Abständen radiär verlaufende Speichen nach außen an die Rahmenfäden. Von Speiche zu Speiche verlaufen spiralig die klebrigen Fangfäden. Zwischen dieser Fangspirale und der Narbe gibt es eine Zone ohne Fangfäden, hier kann die Spinne schnell von einer Seite des Netzes auf die andere wechseln. Die Spinne lauert meist kopfunter auf der Narbe des Netzes oder mit einem zum Netz verlaufenden Signalfaden in einem außerhalb liegenden Schlupfwinkel. Meist bauen die Tiere täglich ein neues Netz.

> Merkmale Tier *Araneus diadematus* Bis zu etwa 15 mm groß, variabel gefärbt von hell gelblich braun über rötlich braun bis schwärzlich. Charakteristische kreuzförmige Zeichnung aus länglichen weißen Flecken auf dem Hinterleib.

> Vorkommen der Spur An Waldrändern und -wegen, auf Wiesen, in Hecken und in Gärten.

> Ähnliche Spuren Die Netze anderer Kreuzspinnen ähneln sich im Bauprinzip. Beim Radnetz der Wespenspinne (s. S. 36) verläuft ober- und unterhalb der Narbe ein zickzackförmiges weißes Gespinstband, das so genannte „Stabiliment".

Baldachinspinne

> Merkmale Spur Typisch sind die Netze der Baldachinspinnen, die besonders im Spätsommer und Herbst durch die morgendlichen Tautröpfchen auffallen und oft massenweise die niedrige Vegetation überziehen: Von einem waagerecht gespannten Gespinstteppich, dem so genannten Baldachin, gehen nach oben hin kreuz und quer gesponnene Stolperfäden ab. In diesem Fadengewirr verfangen sich Insekten, fallen auf den Baldachin und werden hier von der unter dem Netz lauernden Spinne gegriffen. Nach unten hin ist das Netz mit einigen Spannfäden verankert. Während der Fortpflanzungszeit von August bis Oktober halten sich Männchen und Weibchen gemeinsam im Netz auf und verpaaren sich dort.

> Merkmale Tier *Linyphia triangularis* Körperlänge 5–7 mm, wirkt aber durch lange Beine größer. Vorderkörper oben bräunlich mit dunklem, gegabeltem Streif. Der Hinterkörper weist oben ein gezacktes Längsband auf. Die Flanken sind hell gestreift. Gesamte Unterseite dunkel. Die Cheliceren (Oberkiefer mit Giftklaue) beim Männchen auffallend vergrößert.

> Vorkommen der Spur Häufig in Wäldern, Hecken, Parks und Gärten zwischen niedrigen Sträuchern.

> Ähnliche Spuren Die Familie der Baldachinspinnen ist sehr artenreich, eine genaue Bestimmung bleibt Spezialisten vorbehalten. Die Netze einiger Kugelspinnen sind zwar ebenfalls waagerecht aufgespannt, von denen allerdings klebrige Fangfäden nach unten ziehen.

Wespenspinne

> Merkmale Spur Das bräunliche, ballonförmige, etwa 3–4 cm lange Gebilde ist ein so genannter Kokon. Die weiblichen Wespenspinnen bauen ihn im August und September zwischen niedriger Vegetation und legen ihre 300–400 Eier hinein. Danach sterben sie. In dem dicht gesponnenen Kokon schlüpfen noch im Herbst die Jungspinnen und überwintern dort vor Kälte, Regen, Schnee und Feinden geschützt bis in den Mai hinein. Der Bau des Kokons dauert meist etwa 5 Stunden, nach bestimmten Bauabschnitten wechselt die Spinne immer wieder zwischen weißlichen und bräunlichen Spinnfäden. Die Kokons sind sehr stabil und witterungsfest und können mitunter noch nach Jahren die Anwesenheit dieser Spinnenart bezeugen.

> Merkmale Tier *Argiope bruennichi* Mitunter als Zebraspinne bezeichnet. Weibchen etwa 2 cm groß mit schwarz, gelb und weiß gestreiftem Hinterleib und ebenso gestreiften Beinen. Vorderkörper silbrig weiß behaart. Männchen unscheinbar bräunlich, nur etwa 5 mm groß. Charakteristisches Netz mit einem zickzackförmigen, weißglänzendem Gespinststreifen ober- und unterhalb der Nabe, dem so genannten Stabiliment. Die Spinne sitzt stets kopfüber in der Mitte des Netzes.

> Vorkommen der Spur In sonnigen, offenen Landschaften mit niedrigem Pflanzenbewuchs.

> Ähnliche Spuren Der Eikokon der Wespenspinnen ist charakteristisch und unverwechselbar.

Hornisse

> **Merkmale Spur** Hornissen bauen ihre Nester meist in geräumigen Baumhöhlen oder hohlen Baumstämmen, gerne auch in Vogelnistkästen (Foto) und an dunklen Orten wie Dachböden und Schuppen. Die Königin beginnt bereits im Frühjahr mit dem Nestbau, gewaltige Ausmaße (bis 60 cm Höhe und 30 cm Durchmesser) erreicht dies aber erst, wenn im Laufe des Jahres Hunderte von Arbeiterinnen geschlüpft sind und den Bau fortsetzen. Werden Baumhöhle oder Nistkasten zu klein, „quillt" das Nest heraus und wird außerhalb weitergebaut. Als Baumaterial dient morsches Holz, das zu einer papierähnlichen, grauen Masse zerkaut wird. Im Innern des Nestes befinden sich in Etagen angeordnet die Waben mit Eiern, Larven und Puppen. Von außen wird eine schützende, muschelartig gemusterte Hülle angesetzt.

> **Merkmale Tier** *Vespa crabro* 2–3,5 cm große, kräftige Wespe. Kopf und Brust rotbraun und schwarz gefärbt, Hinterleib überwiegend gelb mit schwarzer Zeichnung. Flugzeit von April bis Oktober. Im Frühjahr gründet die Königin einen neuen Staat. Ins Nest legt sie Eier, aus denen Arbeiterinnen schlüpfen. Im Spätsommer schlüpfen männliche Hornissen (Drohnen) und geschlechtsfähige weibliche Hornissen, die neuen Königinnen.

> **Vorkommen der Spur** Ursprünglich in lichten Wäldern mit hohlen Bäumen als Nistmöglichkeit, auch in Gärten.

> **Ähnliche Spuren** Die Papiernester anderer Wespen (s. S. 38) sind deutlich kleiner.

Sächsische Wespe

> Merkmale Spur In Schuppen, Scheunen, Garagen, Hochsitzen und auf Dachböden hängen häufig kugel- oder birnenförmige, graue Nester aus papierähnlichem Material. In den meisten Fällen stammen diese von der Sächsischen Wespe. Die Nester erreichen eine Größe von etwa 20 cm im Durchmesser. Das Einflugloch liegt am unteren Ende. Im Innern des Nestes liegen 3 bis 6 in Etagen angeordnete Waben mit insgesamt bis zu 2000 Brutzellen. Mitunter hängen in der Nähe kleinere, unfertige Nester, meist ein Zeichen dafür, dass die Königin umgekommen ist. Als Baumaterial dient ein Gemisch aus abgeschabtem Holz und Speichel, das zu Klümpchen durchgekaut und noch feucht angeklebt wird. An den Holzsammelstellen bleiben etwa 2 mm breite und 2 cm lange Nagestreifen zurück.

> Merkmale Tier *Dolichovespula saxonica* Bis 1,5 cm lange, typisch gelbschwarz gezeichnete Wespe. Kopf von vorne betrachtet deutlich länglich geformt. Die Art ist friedfertig. Etliche im Aussehen ähnliche Wespenarten.

> Vorkommen der Spur Gerne im Siedlungsbereich, eine der häufigsten, überall vorkommende Wespenarten.

> Ähnliche Spuren Weitere häufige Arten sind die Gemeine Wespe (*Vespula vulgaris*) und die Deutsche Wespe (*Vespula germanica*). Sie legen ihre Papiernester meist unterirdisch in verlassenen Mäuse- und Maulwurfsbauten an, gelegentlich auch in dunklen Hohlräumen auf Dachböden, nie aber frei sichtbar.

Tönnchen-Wegwespe

> **Merkmale Spur** Die Wegwespe baut aus mit Speichel vermischtem Lehm charakteristische, tönnchenförmige, etwa 1 cm große Nester. Meist liegen diese verborgen hinter Holzverschalungen, in verlassenen Käferfraßgängen, unter hohl liegenden Steinen und Brettern, mitunter aber auch offen an Gemäuern und dergleichen. In die stabilen, witterungsbeständigen Nester werden die Eier gelegt und in ihnen entwickeln sich die jungen Wegwespen. Als Nahrung dienen den geschlüpften Larven Spinnen, die das Weibchen vor dem endgültigen Verschließen der Brutzellen in die Nester eingetragen hat. Oft findet man geöffnete Tönnchennester, diese sind dann bereits von den fertig entwickelten Wegwespen aufgenagt worden.
> **Merkmale Tier** *Auplopus carbonarius* 7–11 m lang, einfarbig schwarz. Langbeinig. Basis des Hinterleibes stielartig, dadurch deutlich von der Brust abgesetzt. Flugzeit Juni bis August.

> **Vorkommen der Spur** In sonnigen, offenen Landschaften wie Kiesgruben oder Trockenrasen, häufig im Siedlungsbereich an geschützten Mauern.
> **Ähnliche Spuren** Weit verbreitet hingegen ist der Nestbau aus Lehm oder Sand bei der Verwandtschaft der Lehmwespen. Die Tiere bauen ihre Brutzellen in einer für sie jeweils charakteristischen Form, in die neben den eigenen Eiern Nahrung für die schlüpfenden Larven eingebracht wird, oft Schmetterlingsraupen oder auch Blattwespenlarven.

Waldameise

> **Merkmale Spur** Die Rote Waldameise baut an windgeschützten, sonnigen Standorten bis zu 1,5 m hohe, kuppelförmige Haufen. Die obersten Schichten sind mit Fichtennadeln und kleineren Zweigstückchen abgedeckt. Das Innere der Nestkuppel besteht überwiegend aus Erde. Das Ameisennest setzt sich unterhalb des Haufens unterirdisch in bis zu 2 m Tiefe fort. Hier verbringt das gesamte Volk dicht aneinander gedrängt und frostgeschützt die kalten Wintermonate. In der Erde finden sich zahlreiche Kammern, die über etwa fingerdicke Gänge miteinander in Verbindung stehen. Je nach dem Entwicklungsstand und den Witterungsbedingungen werden die Eier, Larven oder Puppen von den Arbeiterinnen in die für sie günstigsten Nestbereiche transportiert. Im oberirdischen Nestteil befinden sich zahlreiche Ein- und Ausgänge, die bei Bedarf verschlossen werden können. In einem großen Bau lebt ein Ameisenvolk aus bis zu 100.000 Tieren.

> **Merkmale Tier** *Formica rufa* Rücken, Brust und Kopfunterseite rot gefärbt, Kopfoberseite und Hinterleib schwarz. 5–11 mm groß. Waldameisen gelten im Gegensatz zu vielen als lästig eingestuften Ameisen als Nützlinge und werden von Forstleuten gern gesehen und geschützt.

> **Vorkommen der Spur** An Waldrändern und lichten Wäldern, insbesondere in Nadelwäldern.

> **Ähnliche Spuren** Einige weitere Arten, die schwer zu unterscheiden sind und ähnliche Nester anlegen.

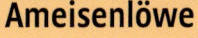
Ameisenlöwe

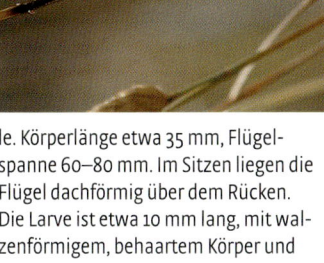

> Merkmale Spur Die Larve der Ameisenjungfer wird als Ameisenlöwe bezeichnet. Sie errichtet an regengeschützten, sandigen Stellen – oft sind dies überhängende Abbruchkanten – einen im Durchmesser etwa 5 cm großen Fangtrichter, an dessen Grund sie sich im Boden vergräbt und auf Beute lauert. An geeigneten Plätzen können sich ganze Trichterfelder bilden. Ameisen und andere Kleininsekten rutschen in den Trichter und schaffen es meist nicht, an den steilen, ständig nachrutschenden Trichterwänden wieder herauszuklettern. Mitunter verhindert der Ameisenlöwe sogar durch das Hochschleudern von Sandkörnern ein Entkommen der Beutetiere. Sind diese erstmal an den Trichtergrund gerutscht, werden sie mit den Zangen ergriffen, durch ein wirksames Gift gelähmt und schließlich ausgesogen.

> Merkmale Tier *Myrmeleon formicarius* Das ausgewachsene, schwärzliche Insekt erinnert mit seinem stabförmigen Hinterleib an eine Libelle. Körperlänge etwa 35 mm, Flügelspanne 60–80 mm. Im Sitzen liegen die Flügel dachförmig über dem Rücken. Die Larve ist etwa 10 mm lang, mit walzenförmigem, behaartem Körper und zwei langen, spitzen, kräftigen Greifzangen am Kopf.

> Vorkommen der Spur Die Trichter sieht man meist an sonnigen, sandigen Wald- und Wegrändern, in Heidegebieten und Kiesgruben.

> Ähnliche Spuren Einige weitere Ameisenjungfer-Arten, deren Larven ähnliche Fangtrichter errichten.

Fährten und Trittsiegel

In diesem Kapitel geht es um Fußabdrücke, die Tiere bei Bewegung auf weichem Grund hinterlassen. Dabei soll hier unter einem **Trittsiegel** der einzelne Fußabdruck verstanden werden, unter der **Fährte** hingegen die hintereinander folgenden Abdrücke im Boden oder Schnee. Die **Spurgruppe** wiederum beschreibt die Anordnung der Abdrücke aller vier bzw. zwei Füße zueinander.

Die deutlichsten Abdrücke entstehen in feinem, wenige Zentimeter hohem Schnee, auf gerade austrocknenden, noch feuchten Pfützen, entlang schlammiger Gewässerufer oder auf unbestellten Äckern. Trittsiegel im Tiefschnee sind oft schwierig zu deuten, da sie zu tiefen Löchern werden, während in nassem oder tauendem Schnee ein vergrößerter Abdruck entsteht. Auf hartem Boden wiederum drücken sich die Füße oftmals nicht vollständig ab. Bei der Bestimmung einer Fußspur ist es wichtig, nicht nur das einzelne Trittsiegel zu betrachten, sondern auch die Anordnung und die Abstände der einzelnen Abdrücke zueinander. Mitunter ist die Spurgruppe so eindeutig, dass eine detaillierte Untersuchung des einzelnen Trittsiegels unnötig wird (z. B. bei springenden Eichhörnchen, hoppelnden Feldhasen oder schnürenden Füchsen).

Bei den **Säugetieren** unterscheidet man auf Grund der Fußanatomie zwischen Sohlengängern, Zehengängern und Zehenspitzengängern.
Sohlengänger wie zum Beispiel Igel, Dachse, Bären und auch Menschen treten mit der gesamten Fußsohle auf, haben fünf gut entwickelte Zehen und bewegen sich meist nur in einem mäßigen Tempo.
Der Übergang zum **Zehengänger** ermöglichte eine schnellere Fortbewegung (wenn wir rennen, treten wir auch nur mit dem vorderen Teil des Fußes auf). Wir finden diesen Typ bei den meisten Raubtieren. Der Daumen

ist oft reduziert, so dass nur vier Zehen ausgebildet sind. Die **Zehenspitzengänger** treten nur mit den Spitzen der 3. Zehe (Unpaarhufer) oder der 3. und 4. Zehe (Paarhufer) auf.

Die Füße der Sohlen- und Zehengänger werden als **Pfoten** oder **Pranken** bezeichnet. Zum Schutz sind sie auf der Unterseite mit rundlichen, elastischen, verhornten Trittpolstern ausgestattet, die je nach Lage als **Zehen-, Mittel- oder Fersenballen** bezeichnet werden. Neben der Größe des Trittsiegels sind die Anzahl der Zehen, das Abdrücken der Krallen sowie die Anordnung und Form der Ballen wichtige Bestimmungsmerkmale.

Der typische Abdruck der Zehenspitzengänger entsteht durch eine Art

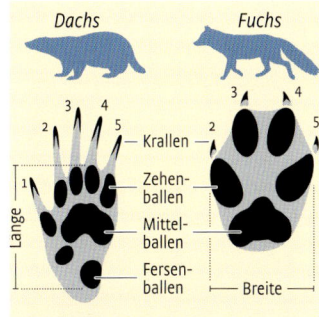

Pfotenabdrücke von Sohlen- und Zehengängern

Hornschuh am Ende der Zehen. Er wird bei Unpaarhufern als **Hufe**, bei Paarhufern als **Schale** bezeichnet. Bei uns sind Pferde und Esel die einzigen **Unpaarhufer**, deren Spuren wir in der Natur begegnen können.

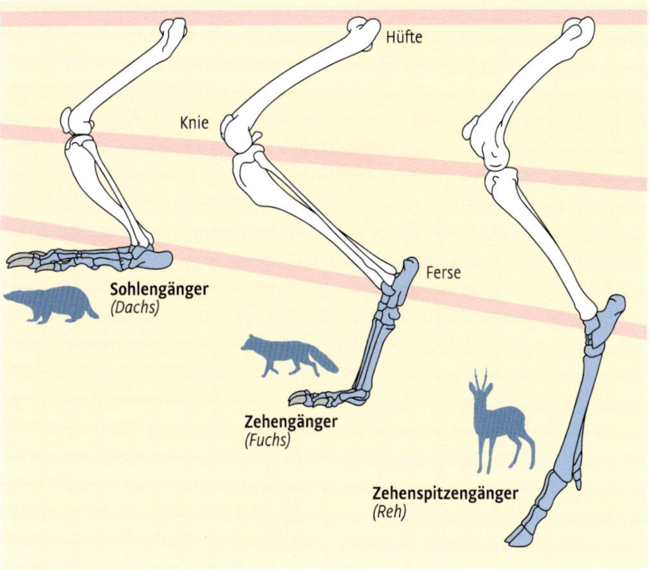

Sohlengänger *(Dachs)*

Zehengänger *(Fuchs)*

Zehenspitzengänger *(Reh)*

Hüfte

Knie

Ferse

Unterschiedlicher Aufbau des Säugetierfußes.

Hirsche, Rehe, Wildschweine aber auch Schafe und Ziegen zählen zu den **Paarhufern**. Bei ihnen sind pro Fuß 2 Schalen ausgebildet, die im Trittsiegel meist gleich groß sind und nach vorne zeigen. Außerdem besitzen sie an der Rückseite des Fußes 2 kleinere Afterklauen (Geäfter), die allerdings so hoch am Lauf sitzen, dass sie den Boden meist nicht berühren und folglich auch nicht im Trittsiegel sichtbar sind. Eine Ausnahme davon bildet das Trittsiegel vom Wildschwein, bei dem die Afterklauen tiefer sitzen.

Grundsätzlich kann man bei Säugetieren zwischen den 4 Gangarten **Schritt, Trab, Galopp** und **Sprung** unterscheiden. Einige Arten wie Rehe und Hirsche

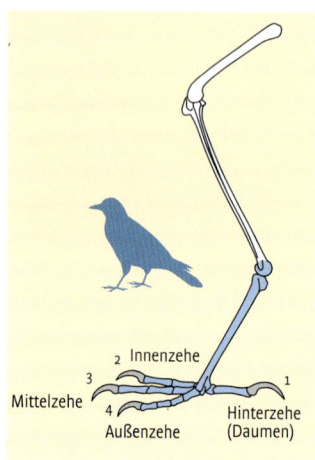

Der typische Fußaufbau eines Vogels.

nutzen alle 4 Möglichkeiten der Fortbewegung. Hasen und Eichhörnchen hingegen springen fast ausschließlich. Beim Schritt und Trab setzen die Tiere ihre Hinterfüße mehr oder weniger genau in die Abdrücke der Vorderfüße, es entstehen 2 nebeneinander liegende Reihen von Abdrücken durch die jeweils rechten bzw. linken Füße. Bei den schnelleren Fortbewegungsarten Galopp und Sprung werden die Hinterfüße deutlich vor den Vorderfüßen aufgesetzt, man spricht hier auch vom „übereilen". Meist bleiben Spurgruppen zurück, in denen jeder Fuß einen eigenen Abdruck hinterlässt.

Bei **Vögeln** zeigen die 3 mittleren Zehen nach vorne und der „Daumen" nach hinten, während der „kleine Zeh" reduziert ist. Ein Vogelfuß hat also niemals mehr als 4 Zehen.
Die Zehenspitzen enden mit Krallen, die sich bei vielen Vogelarten im Trittsiegel abdrücken. Bei einigen Arten

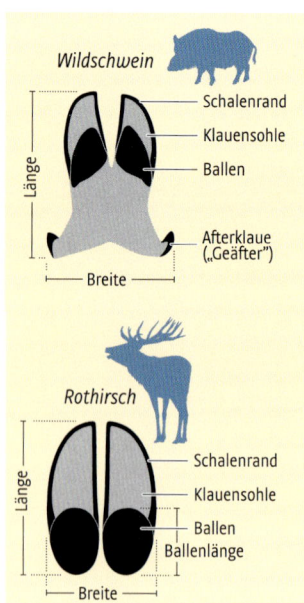

Der typische Fußaufbau eines Paarhufers.

Die Schwimmhäute sind deutlich zu erkennen.

setzt der rückwärts gerichtete Daumen so hoch am Lauf an, dass er den Boden nicht berührt und somit im Abdruck nicht zu sehen ist. Bei Wasservögeln sind zwischen den Zehen Schwimmhäute aufgespannt, die im Fußabdruck meist deutlich zu erkennen sind.

Für den Spurenkundler ist es eine lohnende Beschäftigung, sich eine Vergleichssammlung von Trittsiegeln anzulegen. Man kann sich eine Art „Fußspuren-Archiv" aufbauen, indem man Skizzen der vorgefundenen Trittsiegel anfertigt, zum Beispiel auf Millimeter-papier. Dabei lernt man auch, auf alle Einzelheiten zu achten und alle Maße genau zu nehmen. Geeignet ist in diesem Zusammenhang auch die Fotodokumentation. Um die Größenverhältnisse der Spur beurteilen zu können, ist es notwendig, einen Maßstab wie zum Beispiel ein Zentimetermaß mit zu fotografieren.

Besonders spannend ist die Sammlung naturgetreuer, dreidimensionaler Kopien der verschiedenen Trittsiegel. Hierzu stellt man auf einfache Weise Gipsabdrücke der vorgefundenen Fußabdrücke her. Man benötigt dazu einen kleinen Rahmen aus Plastik, Metall oder glattem Holz, der etwas größer ist als die Spur. Dieser Rahmen wird über dem Abdruck in den Boden gedrückt. In einem Plastikbecher wird schnell härtender Gips mit Wasser angerührt und in den Rahmen gegossen. Nach etwa 15 Minuten ist der Gipsblock ausgehärtet und kann vorsichtig aus dem Rahmen genommen und mit einem Pinsel von Erd- und Laubresten gereinigt werden. Wir haben nun den Negativabdruck des Trittsiegels, der exakt der Fußform des jeweiligen Tieres entspricht.

Gipsabdruck einer Fußspur vor Ort selbst machen.

Rothirsch

> **Merkmale Trittsiegel** Zehenspitzengänger und Paarhufer, das Trittsiegel besteht daher im Wesentlichen aus den Abdrücken der beiden Schalen. Kommt es zu einem vollständigen Abdruck, zeichnen sich am Hinterrand der Schalenabdrücke außerdem die jeweiligen Ballen ab. Sie nehmen etwa ein Drittel der Trittsiegellänge ein. Nur in sehr weichem Untergrund oder bei galoppierenden Tieren können auch die relativ hoch am Fuß sitzenden Afterklauen (Geäfter) einen Abdruck hinterlassen. Trittsiegel beim Männchen 8–9 cm lang, 6–7 cm breit, beim Weibchen etwas kleiner.

> **Merkmale Fährte** Beim Gang und beim Trab, den üblichen Gangarten der Rothirsche, wird der Hinterfuß in etwa in den Abdruck des Vorderfußes gesetzt. Die Schrittlänge beträgt je nach Größe des Tieres ca. 50–70 cm. Beim Galopp und beim Sprung übereilen die Tiere und setzen den Hinterfuß vor den Abdruck des Vorderfußes.

> **Merkmale Tier** *Cervus elaphus* Unser größter Hirsch (Männchen bis zu 350 kg schwer). Im Sommer rotbraun, im Winter graubraun. Männchen mit großem Stangengeweih, Weibchen geweihlos.

> **Vorkommen der Spur** In großen Wäldern mit Freiflächen, Heiden und Mooren, mitunter auf Äckern.

> **Ähnliche Spuren** Die Trittsiegel des Damhirsches sind kleiner und länger gestreckt. Die Ballenabdrücke nehmen etwa die Hälfte der Gesamtlänge ein.

> **Weitere Spuren** des Rothirschs s. S. 65, 98 und 110.

Reh

> **Merkmale Trittsiegel** Zehenspitzengänger und Paarhufer. Wirkt zierlich und setzt sich zusammen aus den beiden schmalen, zugespitzten Schalen. Beim Sprung und Galopp sind die Schalenabdrücke deutlich gespreizt und es entstehen mitunter auch Abdrücke der Geäfter. Länge 4–5 cm, Breite ca. 3 cm.

> **Merkmale Fährte** Beim ruhigen Lauf setzen Rehe den Hinterfuß in oder sehr nahe an den Abdruck des Vorderfußes. Schrittlänge 30–50 cm. Im Galopp übereilen Rehe und setzen die Hinterfüße seitlich versetzt vor die Abdrücke der Vorderfüße. Flüchtende Tiere gehen häufig auch in den Sprung über und erreichen dabei eine Weite von 2–4 m. Da Rehe auch häufig während der Fortbewegung koten, findet sich die typische Losung (s. S. 98) oft locker verteilt entlang der Fährte. Im tieferen Schnee entstehen dann oft Schleifspuren zwischen den Trittsiegeln, da das Tier die Beine nicht ganz anhebt.

> **Merkmale Tier** *Capreolus capreolus* s. S. 64.

> **Vorkommen der Spur** Spuren vom Rehwild finden sich in verschiedensten Lebensräumen, häufig an Waldrändern, auf Feldern und Wiesen.

> **Ähnliche Spuren** Kälber vom Damwild hinterlassen ähnliche Trittsiegel. Diese sind aber nicht allein unterwegs und daher finden sich in unmittelbarer Nähe der Trittsiegel zusätzlich noch deutlich größere Spuren.

> **Weitere Spuren** des Rehs s. S. 64 und 98.

Wildschwein

> **Merkmale Trittsiegel** Zehenspitzengänger und einziger Paarhufer, der bei allen Gangarten neben den beiden Schalenabdrücken auch einen deutlichen Abdruck der beiden Afterklauen hinterlässt, dieser kann bei Frischlingen fehlen. Das Trittsiegel ist trapezförmig, da die Abdrücke der Afterklauen seitlich abgespreizt von den Schalenabdrücken sitzen. Bei Jungtieren 3–6 cm Länge, Breite 2,5–5 cm, bei Alttieren 6–10 cm Länge, 5–7 cm Breite.

> **Merkmale Fährte** Beim Gang und beim Trab setzen Wildschweine ihre Hinterfüße direkt in die Vorderfußabdrücke. Oftmals sind die beiden Abdrücke aber auch knapp gegeneinander verschoben und es entsteht dadurch ein deutlich sichtbarer Doppelabdruck der Afterklauen. Die Schrittlänge eines erwachsenen Tieres liegt zwischen 30–50 cm. Im Galopp werden die Hinterfüße vor die Abdrücke der Vorderfüße gesetzt und es entstehen Sprunggruppen von jeweils vier Trittsiegeln.

> **Merkmale Tier** *Sus scrofa* s. S. 75.

> **Vorkommen der Spur** In Wäldern, auf Äckern und Wiesen.

> **Ähnliche Spuren** In der Größe ähnlich sind nur die Abdrücke vom Rotwild. Deren Afterklauen hinterlassen aber nur bei hohem Tempo einen Abdruck und dieser liegt dann hinter den Schalenabdrücken, so dass das Trittsiegel in der Aufsicht rechteckig statt trapezförmig ist. Schrittlänge beim Rotwild deutlich größer.

> **Weitere Spuren** des Wildschweins s. S. 75, 99 und 108/109.

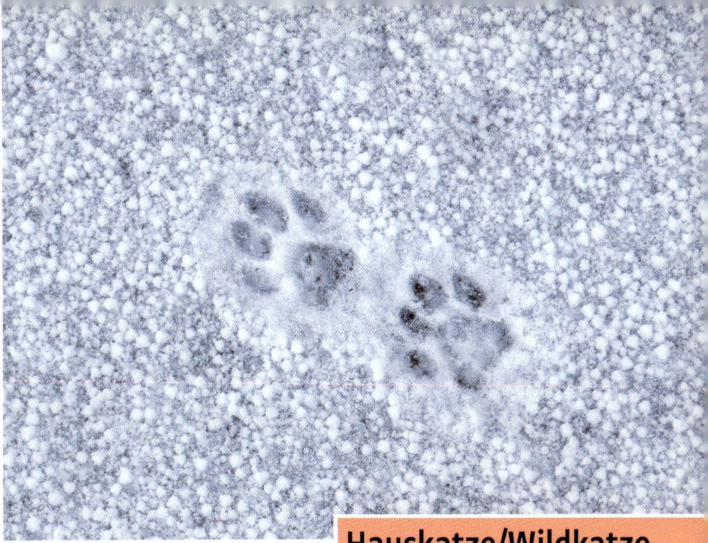

Hauskatze/Wildkatze

> **Merkmale Trittsiegel** Zehengänger. Pfotenabdruck nahezu rund. Hinter den 4 kleinen, halbkreisförmig angeordneten Zehenballen drückt sich der dreilappige Mittelballen ab. Die Krallen hinterlassen keinen Abdruck, da sie beim Laufen in Hauttaschen eingezogen sind. Das Trittsiegel der Wildkatze ist in der Regel kräftiger als das der Hauskatze, aber nicht sicher unterscheidbar. Länge 2,5–4 cm, Breite ca. 3 cm.

> **Merkmale Fährte** Beim Gang setzen Katzen ihren Hinterfuß meist leicht nach vorne versetzt auf den Abdruck des Vorderfußes, Schrittlänge ca. 30 cm. Im Trab liegen die Abdrücke der Vorder- und Hinterpfoten bei einer Schrittlänge von 35–40 cm auf einer Linie („Schnüren"). Rennende Katzen übereilen, es entstehen trapezförmige Trittbilder.

> **Merkmale Tier** *Felis silvestris f. catus/Felis silvestris silvestris* Wildkatzen sind gräulich marmoriert und dunkel getigert. Sie haben einen buschigen Schwanz mit stumpfem, schwarzem Schwanzende.

> **Vorkommen der Spur** Hauskatzen in Siedlungen, Gärten, Parkanlagen und streunend bzw. verwildert in nahezu allen Lebensräumen. Wildkatzen bei uns in Wäldern der Alpen und einiger Mittelgebirge.

> **Ähnliche Spuren** Die Trabspur von Katzen ähnelt der geschnürten Spur von Füchsen, allerdings sind die Trittsiegel von Katzen erheblich kleiner und die Schrittlänge ist geringer. Das Trittsiegel vom Luchs ist ca. 3 mal so groß.

Fuchs

> **Merkmale Trittsiegel** Zehengänger. Im Umriss oval. Der Abdruck besteht aus dem Hauptballen und 4 Zehenballen: seitlich links und rechts je 1 äußerer Zehenballen, denen 2 mittlere Zehenballen vorgelagert sind. Meist drücken auch die 4 Krallen ab. Länge ca. 5 cm, Breite ca. 4–4,5 cm. Im Winter sind die Pfoten stärker behaart, die Abdrücke sind dadurch unklarer, rundlicher und etwas größer.
> **Merkmale Fährte** Häufigste Gangart von Füchsen ist der Trab, bei dem die Hinterfüße genau in die Abdrücke der Vorderfüße gesetzt werden und die linken und rechten Pfoten auf einer Linie liegen – die Abdrücke sind wie auf eine Schnur aufgezogen, man spricht vom „Schnüren". Schrittlänge beim Trab ca. 65–80 cm.
> **Merkmale Tier** *Vulpes vulpes* s. S. 10.
> **Vorkommen der Spur** In fast allen Lebensräumen, besonders deutlich auf Äckern und in Nähe des Baues.
> **Ähnliche Spuren** Abdruck eines Hundes in entsprechender Größe. Die beiden mittleren Zehenballen liegen beim Fuchs weiter vorne, so dass sie vor einer gedachten Linie zwischen den vorderen Enden der seitlichen Zehenballen stehen, während sie beim Hund von dieser Linie geschnitten werden (s. Illustration auf S. 43 oben). Ein weiterer Trick zur Unterscheidung: Zwischen die Ballen eines Fuchses ließe sich ein Kreuz zeichnen, ohne dass die Ballenabdrücke berührt würden, dies ist beim Hund nicht möglich.
> **Weitere Spuren** des Fuchses s. S. 10 und 100.

Dachs

> **Merkmale Trittsiegel** Sohlengänger. Da die Pfotenunterseite unbehaart ist, zeichnen sich die Ballen im Abdruck deutlich ab: Dem dreigelappten Mittelballen sind leicht bogenförmig die 5 Zehenballen vorgelagert, der Fersenballen wird meist nur bei den Hinterpfoten aufgesetzt. Die als Grabwerkzeug dienenden langen Krallen der Vorderpfoten stehen im Trittsiegel bis zu 2–3 cm vor den Zehenballen, die kürzeren Krallen der Hinterpfoten etwa 1 cm. Abdruck der Vorderpfote ohne Fersenballen ca. 5 cm lang und 4 cm breit, der der ganzen Hinterpfotensohle 6–7 cm lang und 4 cm breit.

> **Merkmale Fährte** Typische Fortbewegungsweise von Dachsen ist ein ruhiger Gang, bei dem die Hinterpfoten ins hintere Ende des Vorderpfotenabdrucks gesetzt werden. Schrittlänge 25–40 cm. Im Trab, Galopp und Sprung übereilen Dachse, es entstehen Gruppen von 4 Pfotenabdrücken, Schrittlänge dann 70–90 cm.

> **Merkmale Tier** *Meles meles* s. S. 11.

> **Vorkommen der Spur** In Laub- und Laubmischwäldern, Spuren auch auf angrenzenden Feldern und Wiesen. Oft mit Bodenaushub vor dem Bau.

> **Ähnliche Spuren** Klare Abdrücke der Pfoten sind unverwechselbar. Im Prinzip ähnelt das Trittsiegel des Daches einer Miniaturausgabe dem des Bären. Der Abdruck dieses Sohlengängers ist bis zu 30 cm lang, der Abdruck seiner Hinterpfote erinnert an einen Menschenfuß.

> **Weitere Spuren** des Dachses s. S. 11 und 100.

Steinmarder/Baummarder

> **Merkmale Trittsiegel** Zehengänger. Abdruck des Hauptballens 3- oder 4-fach gelappt. Ihm sind halbkreisförmig 5 Zehenballen vorgelagert, allerdings hinterlässt die Innenzehe häufig keinen Abdruck. Die Krallenabdrücke sind meist deutlich zu sehen. Ballen des Baummarders im Winter stark behaart, so dass die Konturen des Abdrucks verwischen. Länge ca. 3,5–4 cm, Breite ca. 3–3,5 cm.

> **Merkmale Fährte** Häufigste Fortbewegungsweise ist der Sprung: Beim Zweisprung werden die Hinterfüße in die Abdrücke der Vorderfüße gesetzt, es entstehen Sprunggruppen mit jeweils zwei leicht versetzt nebeneinander liegenden Abdrücken. Beim Dreisprung liegen die Abdrücke der Vorder- und Hinterpfote einer Seite ineinander, die der anderen leicht versetzt zueinander. Schrittlänge 40–90 cm.

> **Merkmale Tier** *Martes foina/Martes martes* Etwa katzengroß mit langem Körper und kurzen Beinen. Steinmarder vom Baummarder durch weiße (nicht gelbe) Kehle unterschieden.

> **Vorkommen der Spur** Steinmarder in Wäldern, Dörfern und Städten. Baummarder kommen eher in ausgedehnten Wäldern vor.

> **Ähnliche Spuren** Trittsiegel der anderen Marderarten unterscheiden sich hauptsächlich in der jeweiligen Größe: Iltis (L. 2,5–3,5 cm, B. 2,5–4 cm), Hermelin (L. 2,0–3,0 cm, B. 1,5 cm), Mauswiesel (L. 1,5 cm, B. 1,0 cm).

> **Weitere Spuren** von Mardern s. S. 101.

Fischotter

> **Merkmale Trittsiegel** Zehengänger. Abdrucke zeigen Mittelballen, denen jeweils 5 Zehenballen halbkreisförmig vorgelagert sind. Auf weichem Boden und im Schnee sind zwischen den 5 Zehen die Abdrücke der Schwimmhäute zu sehen. Abdrücke der kurzen Krallen nur sehr klein. Der Abdruck der Vorderpfote ist rundlich, ca. 6–7 cm lang, 6 cm breit, Hinterpfote 6–9 cm lang und ca. 6 cm breit.

> **Merkmale Fährte** Häufigste Gangart sind unterschiedliche Sprung- und Galopparten. Charakteristisch ist das Spurbild, das entsteht, wenn alle vier Pfoten schräg versetzt auf einer diagonalen Linie aufgesetzt werden. Sprungweite ca. 40–50 cm. Im Gehen wird die Hinterpfote hinter den Abdruck der Vorderpfote gesetzt, es entsteht eine enge, wellenförmige Spurbahn. Der kräftige Schwanz hinterlässt im Schlamm oder Schnee eine deutliche Schleifspur.

> **Merkmale Tier** *Lutra lutra* Fuchsgroßer Marder mit kurzen Beinen und fleischigem, kräftigem, spitz zulaufendem Schwanz.

> **Vorkommen der Spur** Am Ufer von Flüssen, Bächen, Seen und Sümpfen mit reichhaltigem Fischangebot.

> **Ähnliche Spuren** Einziger Marder mit Schwimmhäuten, klare Abdrücke der Pfoten daher unverwechselbar.

> **Weitere Spuren** vom Fischotter s. S. 100. Auf schneebedeckten Abhängen oder Uferböschungen hinterlassen Fischotter beim spielerischen Abwärtsgleiten auf dem Bauch regelrechte Rutschbahnen.

Feldhase

> Merkmale Trittsiegel Zehengänger. Vorderfuß mit 5 Zehen, der kurze Daumen wird aber in der Spur meist nicht mit abgedrückt. Hinterfuß mit 4 Zehen. Die Abdrücke der Krallen sind meist deutlich zu erkennen, auf hartem Boden oft die einzige Spur. Die Hinterfüße sind etwa 3mal so lang wie die Vorderpfoten, da Hasen aber nur mit dem vorderen Teil des Hinterfußes auftreten, ist der Unterschied im Abdruck weniger deutlich: Vorderpfote ca. 5 cm lang und 3 cm breit, Hinterpfote 6–8 cm lang und ca. 3,5 cm breit.

> Merkmale Fährte Hasen bewegen sich hoppelnd vorwärts, es entsteht eine typische Spurgruppe aus 4 getrennten Fußabdrücken: Die Hinterfüße werden nebeneinander vor die Vorderfüße aufgesetzt, die ihrerseits hintereinander stehen. Die Abstände der Spurgruppen zueinander sind von der Geschwindigkeit abhängig: Bei gemächlichem Dahinhoppeln direkt aneinander, bei schnellerem Lauf entsteht ein Abstand von ca. 50 cm, der bei Flucht auf 2–3 m ansteigen kann.

> Merkmale Tier *Lepus europaeus* s. S. 13.

> Vorkommen der Spur Auf Äckern und Wiesen, mitunter auch im Wald und kleinen Feldgehölzen.

> Ähnliche Spuren Kaninchen hoppeln ebenfalls und hinterlassen eine ähnliche Fährte, bei der aber sowohl die einzelnen Pfotenabdrücke als auch der Abstand der Spurgruppen zueinander deutlich kleiner ist.

> Weitere Spuren des Feldhasen s. S. 13 und 102.

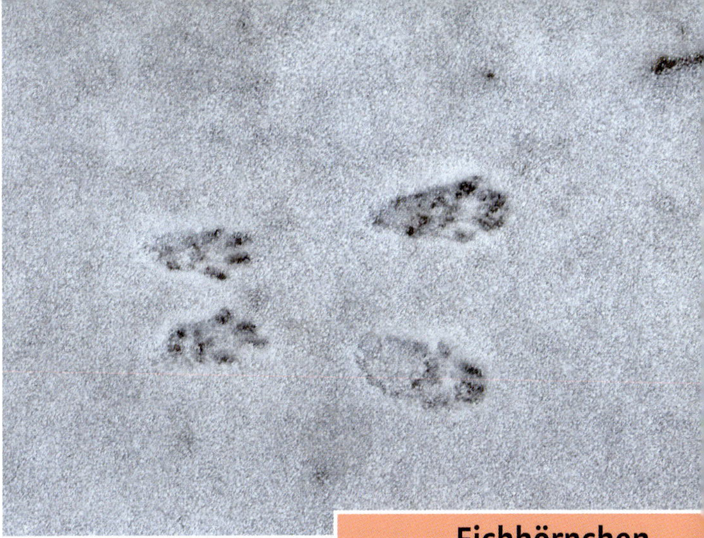

> **Merkmale Trittsiegel** Zehengänger. In den Pfotenabdrücken fallen die langen Finger mit ihren scharfen Krallen deutlich auf. Vom Vorderfuß drücken sich 4 Zehen ab, vom Hinterfuß 5, wobei hier die 3 mittleren etwa gleich lang sind und eng aneinander stehen, während die beiden äußeren kürzer und vom Fuß abgespreizt sind. Größe der Trittsiegel vorn 3–4 cm lang und ca. 2 cm breit, hinten 4–5 cm lang und 2,5–3,5 cm breit.

> **Merkmale Fährte** Am Boden bewegen sich Eichhörnchen hoppelnd fort, es entstehen typische Sprunggruppen. Die 4 Pfoten werden voneinander getrennt trapezförmig abgedrückt: Die Abdrücke der größeren Hinterpfoten liegen nebeneinander vor den ebenfalls nebeneinander liegenden, enger zusammengerückten Vorderpfoten. Häufig endet die Fährte an einem Baumstamm, der dann erklettert wurde. Die Sprungweite beträgt 30–90 cm.

> **Merkmale Tier** *Sciurus vulgaris* s. S. 16.

Eichhörnchen

> **Vorkommen der Spur** In Wäldern, Parks und Gärten mit älterem Baumbestand.

> **Ähnliche Spuren** Langsam hoppelnde Kaninchen hinterlassen mitunter ähnliche Spurgruppen. Durch die einzelnen Pfotenabdrücke mit den langen Fingern ist die Eichhörnchenspur aber eindeutig zu erkennen. Waschbären haben ebenfalls Trittsiegel mit auffallend langen Fingern, sind allerdings Sohlengänger.

> **Weitere Spuren** des Eichhörnchens s. S. 16, 69 und 71.

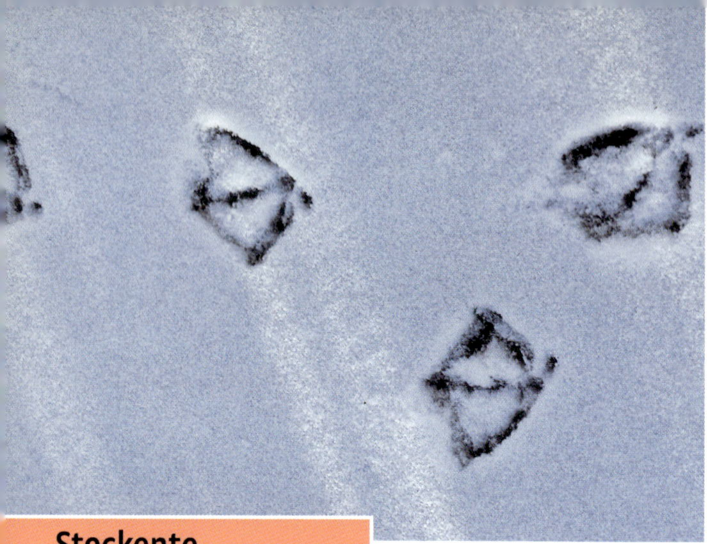

Stockente

> **Merkmale Trittsiegel** 3 lange, nach vorn gerichtete Zehen, die bis vorne zu den Krallen durch Schwimmhäute miteinander verbunden sind und 1 kurze, rundliche nach hinten gerichtete Zehe. Die beiden äußeren langen Zehen sind schwach nach innen gebogen. Länge und Breite des Abdrucks etwa 7–8 cm.
> **Merkmale Fährte** Der watschelnde Gang der Enten hinterlässt schräg nach innen gewandte, hintereinander aufgereihte Fußabdrücke.
> **Merkmale Tier** *Anas platyrhynchos* s. S. 342.

> **Vorkommen der Spur** Am Ufer stehender und langsam fließender Gewässer, auch an Stadtteichen.
> **Ähnliche Spuren** Die verschiedenen Entenarten sind anhand der Fußabdrücke nicht eindeutig voneinander zu unterscheiden. Bei Schwimmenten wie Stock-, Löffel- und Schnatterente ist die mittlere Zehe am längsten. Bei Tauchenten wie Reiher- und Tafelente hingegen sind mittlere und äußere Zehe etwa gleich lang, außerdem ist bei ihnen die Hinterzehe länglich, nicht rundlich. Schwäne und Gänse hinterlassen ähnliche, aber viel größere Abdrücke: Beim Höckerschwan beispielsweise misst die Mittelzehe etwa 16 cm, bei der häufigen Graugans hingegen etwa 8,5 cm. Auch Möwen besitzen zwischen ihren 3 nach vorne gerichteten Zehen Schwimmhäute, die sich im weichen Untergrund deutlich abzeichnen. Ihre Hinterzehe sitzt so hoch am Fuß, dass sie meist nicht mit abgedrückt wird.
> **Weitere Spuren** von der Stockente s. S. 32.

Teichhuhn

> **Merkmale Trittsiegel** Fußabdruck besteht aus 3 langen, schlanken, nach vorne gerichteten Zehen ohne Schwimmhäute oder Schwimmlappen sowie 1 nach hinten gerichteten, etwa 2–2,5 cm langen Zehe. Abdruck 9–10 cm lang und 7–8 cm breit.

> **Merkmale Fährte** Die Fußabdrücke liegen in einer geraden Spur oder in Schlangenlinien hintereinander, die Schrittlänge beträgt 13–18 cm.

> **Merkmale Tier** *Gallinula chloropus* Etwa taubengroß. Gefieder überwiegend schwärzlich. Schwanz mit leuchtend weißer Unterseite zeigt meist nach oben. Stirnschild und Schnabel kräftig rot, Schnabelspitze gelb. Grünliche Beine. Häufiges Schwanz- und Kopfzucken.

> **Vorkommen der Spur** Am Ufer von Seen, Teichen und langsam fließenden Gewässern, auch an Stadtpark-, Dorf- und Gartenteichen.

> **Ähnliche Spuren** Ebenfalls sehr häufig an Gewässern ist das **Blässhuhn** (*Fulica atra*) mit charakteristischem Fußabdruck: Die drei nach vorn gerichteten, etwa 8–9 cm langen Zehen sind jeweils von breiten, eingekerbten Schwimmlappen gesäumt. Die deutlich abgedrückte, nach hinten gerichtete Zehe ist in der Regel meist ca. 2,5–3 cm lang. Abdruck 10–13 cm lang und 9–10 cm breit. In der Größe ähnlich ist der Fußabdruck des Fasans. Bei ihm drücken die kräftigen Krallen deutlich ab, außerdem liegen dessen Spuren nicht am Gewässerufer.

> **Weitere Spuren** vom Teichhuhn s. S.131.

Graureiher

› Merkmale Trittsiegel In dem auffallend großen Fußabdruck sind normalerweise 4 lange, schlanke Zehen deutlich zu erkennen. Die 3 mittleren Zehen zeigen dabei nach vorne, während die etwa 5 cm lange Hinterzehe gerade nach hinten zeigt. Eine derart lange Hinterzehe ist für Reiherarten charakteristisch. Am Ende jeder Zehe drücken sich die Krallen meist deutlich ab. Das gesamte Trittsiegel ist 14–17 cm lang und 9–12 cm breit.

› Merkmale Fährte Die Spur verläuft geradlinig. Die einzelnen Trittsiegel zeigen dabei entweder gerade nach vorne oder leicht nach innen gedreht. Die Schrittlänge beträgt beim gemächlichen Schreiten etwa 50–60 cm.

› Merkmale Tier *Ardea cinerea* Knapp storchengroß, grau mit langen Beinen, langem Hals und kräftigem, spitzem Schnabel. Typisches Flugbild mit S-förmig eingekrümmtem Hals.

› Vorkommen der Spur Am Ufer von Gewässern aller Art, auch auf Feuchtwiesen und Äckern.

› Ähnliche Spuren Ähnliche große Trittsiegel in Gewässernähe hinterlassen Kraniche sowie Weiß- und Schwarzstörche. Die Zehen des Kranichs sind wesentlich kräftiger und die Hinterzehe ist so stark reduziert, dass sie in der Spur nur auf sehr weichem Untergrund als kleiner stumpfer Abdruck zu sehen ist. Die Zehen der Störche sind kürzer und breiter, ihre hoch am Fuß ansitzenden Hinterzehen hinterlassen nur einen rundlichen Abdruck.

› Weitere Spuren des Graureihers s. S. 98.

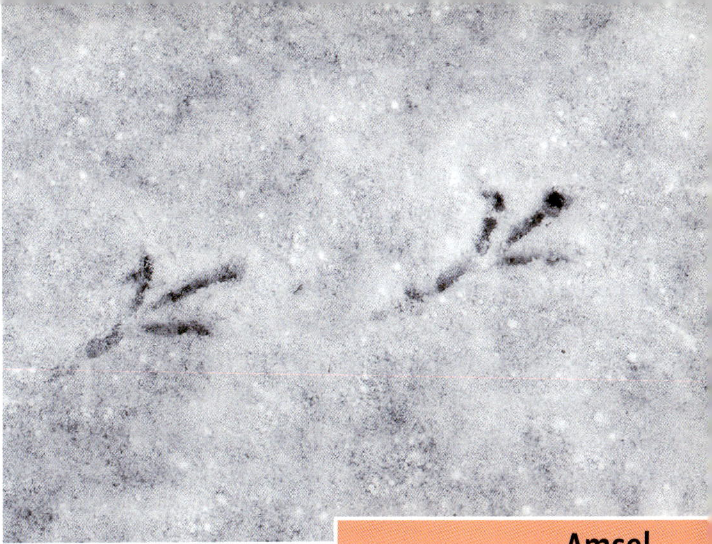

Amsel

> **Merkmale Trittsiegel** Amseln haben einen typischen Singvogelfuß: 4 lange, dünne Zehen, von denen die 3 mittleren nach vorne und die 1. nach hinten gerichtet sind. Da der Fuß so gebaut ist, dass die Vögel damit dünne Zweige umklammern können, wird er als „Sitzfuß" bezeichnet. Die Krallen der Amsel sind relativ klein und drücken bei den mittleren Zehen direkt am Ende ab, bei der Hinterzehe etwas abgesetzt. Das Trittsiegel ist etwa 5 cm lang und 3 cm breit.

> **Merkmale Fährte** Amseln wechseln in der Fortbewegung zwischen Laufen und Hüpfen ab. Dementsprechend liegen die Trittsiegel des rechten und linken Fußes hintereinander oder nebeneinander. Die Schrittlänge im Laufen beträgt ca. 7 cm, im Hüpfen 10 cm.

> **Merkmale Tier** *Turdus merula* s. S. 20

> **Vorkommen der Spur** In Wäldern, Parks und Gärten.

> **Ähnliche Spuren** Die Spuren der verschiedenen Singvögel gleichen sich im Prinzip. Neben der Größe des einzelnen Trittsiegels liegen Unterschiede in der Fortbewegungsart, die sich in der Fährte widerspiegeln: Viele kleinere Arten wie Meisen und Finken bewegen sich in der Regel nur hüpfend fort (Trittsiegel nebeneinander), andere wie beispielsweise Bachstelzen laufen nur (Trittsiegel hintereinander). Da alle Singvögel in der Regel sehr leicht sind, hinterlassen sie auch nur auf sehr weichen Böden Trittsiegel.

> **Weitere Spuren** der Amsel s. S. 20, 74, 103 und S. 129.

Fraßspuren

Fast alle Tiere hinterlassen bei der Nahrungsaufnahme so genannte Fraßspuren, die nicht nur eine Artbestimmung zulassen, sondern Rückschlüsse auf die Lebensweise des Tieres ermöglichen. Die von Säugetieren und Vögeln verursachten Fraßspuren werden eingeteilt in solche an Bäumen und Sträuchern, an Früchten und Zapfen, am Boden sowie an Tieren.

Bäume und Sträucher stellen mit ihren Blättern, Knospen, Zweigen und Rinde für viele Pflanzen fressende Tiere eine wichtige Nahrungsgrundlage dar. Insbesondere in den Wintermonaten, wenn frische Kräuter, Gräser, Blätter und Knospen fehlen, kommt der Rinde eine große Bedeutung zu. Die Höhe des Rindenverbisses lässt erste Rückschlüsse auf die entsprechende Tierart zu. Weitere wichtige Bestimmungsmerkmale der Nagespuren an Rinde und Holz sind die Größe und Anordnung der Zahnmarken.

Im Wurzelbereich nagen die im Boden lebenden Erd- und Schermäuse, dicht über dem Boden knabbern Hasen, Kaninchen, verschiedene Mäusearten sowie Biber. Rötelmäuse und Eichhörnchen sind hervorragende Kletterer und nagen an Zweigen und Ästen im Wipfelbereich. Rehe und Hirsche fressen die Rinde etwa in Kopfhöhe an, je nach Körpergröße liegen die Fraßspuren in einer Höhe von etwa 0,5 bis 2 m. Das Fressen von Rinde wird bei ihnen als **Schälung** bezeichnet. Während des Wachstums der Bäume im Frühling und Sommer sitzt die Rinde auf Grund des aufsteigenden Saftes relativ locker. Die Tiere nagen die Rinde an, halten das freie Ende fest und können mit einem kräftigen Ziehen bei dieser so genannten **Sommerschälung** lange Rindenstreifen abreißen. Im Winter hingegen kommt der Saftfluss im Baum zum Stillstand und die Rinde sitzt so fest, dass sie sich nicht abziehen lässt. Stattdessen muss sie bei der **Winterschälung** in kleinen Stückchen mühsam abgeknabbert werden, wobei stets deutliche Zahnspuren zurückbleiben.

Von **Verbiss** spricht man, wenn Tiere Zweige oder Äste komplett abbeißen. Insbesondere Rehe, Hirsche, Hasen und Kaninchen ernähren sich im Winter von Zweigen. Auf Grund ihrer jeweiligen Zahnausstattung entstehen dabei unterschiedliche Fraßspuren. Wiederkäuern wie Rehen und Hirschen fehlen die Schneidezähne im Oberkiefer. Stattdessen wirkt bei ihnen eine Hornplatte als Widerlager zu den Vorderzähnen im Unterkiefer. Daraus resultiert eine Abbissstelle, die von unten etwa zur Hälfte scharf durchgebissen, zur anderen Hälfte aber faserig abgebrochen aussieht. Bei Hasen und Kaninchen hingegen sitzen im Ober- und im Unterkiefer scharfe Schneidezähne, so dass hier sauber abgeschnittene Enden verbleiben.

Spechte hinterlassen ebenfalls deutliche Fraßspuren an Baumstämmen. Allerdings gehen diese nicht auf direktes Fressen zurück, sondern auf die Suche nach Holz bewohnenden Insekten. Mit ihren kräftigen Schnäbeln

Typische Fraßspur vom Eichhörnchen.

hacken sie dabei Löcher ins Holz. Die Schwarzspechte zerhacken und zerlegen mitunter sogar ganze Baumstümpfe und abgebrochene Äste.

Im Herbst und Winter stehen **Früchte** und **Zapfen** auf dem Speiseplan vieler Tiere. Dabei ist es durchaus im Sinne der Pflanzen, dass ihre Früchte gefressen werden. In vielen Fällen enthalten die nahrhaften Früchte unverdauliche Samen, die durch die Tiere verbreitet und nach Passage durch den Darm keimen können. Eichelhäher, Eichhörnchen und Mäuse sammeln im Herbst

Vom Reh stark verbissene Kiefer.

Eicheln und Nüsse, um sie als Vorrat für die kalte Jahreszeit zu verstecken. Häufig genug vergessen sie aber ihr Versteck und tragen so ganz wesentlich zur Verbreitung der Pflanzen bei. Einige Tiere haben spezielle Techniken entwickelt, um an die schmackhaften Samen von Nadelbäumen zu gelangen. Diese liegen fest umschlossen und gut geschützt am Ende der verholzten Zapfenschuppen und sind nicht ohne weiteres zu erreichen. Eichhörnchen reißen die Schuppen mit kraftvollen Bissen einfach ab, an der Zapfenspindel bleiben dabei faserige Schuppenteile zurück. Diese Kraft haben Mäuse nicht und müssen die Schuppen eine nach der anderen abnagen. Die übrig bleibende Zapfenspindel ist fein säuberlich abgeknabbert. Spechte wiederum klemmen den Zapfen in einer Rindenspalte oder Ähnlichem ein und hämmern mit kräftigen Schnabelhieben auf ihn ein. Ein vom Specht bearbeiteter Zapfen sieht struppig aus, die Schuppen sind in verschiedene Richtungen gebogen und

Eichelhäher sammelt Eicheln.

umgeknickt. Die zu den Finkenvögeln zählenden Kreuzschnäbel schließlich setzten ihren gekreuzten Schnabel ein, um die Schuppen in Längsrichtung zu durchschneiden und so an die Samen zu gelangen.

Direkt am Boden lassen sich die Fraßspuren von wühlenden und scharrenden Tieren finden. Wildschweine durchwühlen die Erdoberfläche großflächig auf der Suche nach Wurzeln, Knollen, Pilzen, Würmern und Insekten. Bei Maulwurf und Wühlmaus sind die Spuren der Nahrungssuche gleichzeitig auch die Spuren der Wohnstätte, die in dem Kapitel **Bauten und Nester** beschrieben werden. Im Winter sieht man auf Äckern häufig vom Schnee frei gescharrte Stellen. Hier haben Rehe, Hasen oder Hirsche an den frischen Keimlingen des Getreides gefressen.

Immer wieder findet man in der Natur auch **Fraßspuren an Tieren**, also Überreste eines Beutetieres. Dies sind hauptsächlich Knochen, Fell und Federn sowie Schalen von Schnecken, Muscheln oder Eiern, da fleischige Teile schnell von Dachsen, Mardern, Mäu-

Hackspuren vom Schwarzspecht.

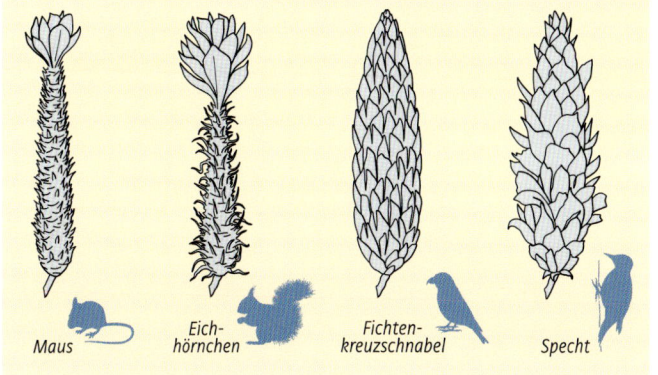

Verschiedene Fraßspuren an Fichtenzapfen.

sen, Vögeln, Insekten oder Würmern gefressen werden. Ein solcher Spurenfund verrät uns im Gegensatz zu den meisten anderen Spuren die Anwesenheit von zwei Tierarten – die der Beute und die des Räubers. Begegnet man beispielsweise einer Anhäufung von Federn, kann man daran zunächst feststellen, um welche Vogelart es sich hier gehandelt hat. Der Zustand der Federkiele gibt uns dann weitere Auskünfte: sind sie intakt, wurden sie von einem Greifvogel vor dem Fressen aus der Haut gezogen, man spricht von einer **Rupfung**. Wurden die Federkiele hingegen durchgebissen, handelt es sich um einen **Riss** durch einen Raubsäuger wie Fuchs oder Marder. Nicht immer müssen die Federn tatsächlich von einem erbeuteten Tier stammen, manchmal handelt es sich auch um Straßenopfer, die verschleppt und in Ruhe gefressen wurden.

Ein riesiges Betätigungsfeld sind hingegen auch die Fraßspuren von Insekten. Die wichtigsten Beispiele von Käfern und Schmetterlingen bzw. deren Raupen werden in diesem Buch beschrieben.

Hier waren Rehe auf Nahrungssuche unter dem Schnee.

Reh

> **Merkmale Spur** Das Abbeißen von Kräutern, Zweigen, Knospen und jungen Trieben bezeichnet man als „Verbiss". Besonders auffällig sind Verbissspuren an jungen Nadelbäumen, bei denen das ständige Abfressen der Triebe zu abnormem Wachstum führt: Häufig entsteht ein kegelförmiger, so genannter „Fußsack", der im Aussehen an eine dichte, mit der Schere gestutzte Hecke erinnert. Das Abbeißen von Wipfelspitzen junger Bäume verhindert das Höhenwachstum und verursacht einen buschartigen Wuchs. Da

Rehe und andere Hirschartige nur im Unterkiefer Zähne besitzen, die im Oberkiefer gegen Hornplatten wirken, sind die Abbissstellen an einer Seite glatt, an der anderen faserig und wirken insgesamt eher wie abgebrochen.

> **Merkmale Tier** *Capreolus capreolus* 60–90 cm Schulterhöhe. Im Sommer rotbraun, im Winter graubraun gefärbt. Männchen (Bock) mit etwa 30 cm langem Geweih, Weibchen (Ricke) geweihlos. Kaum sichtbarer, sehr kurzer Schwanz in weißer Analregion („Spiegel").

> **Vorkommen der Spur** In Wäldern, an Waldrändern, auf Aufforstungen.

> **Ähnliche Spuren** Auch Hasen und Kaninchen beißen Zweige von Büschen und jungen Bäumen ab. Da bei ihnen scharfe Zähne im Ober- und Unterkiefer sitzen und aufeinander beißen, entstehen glatte, saubere Abbissspuren, die wie abgeschnitten wirken.

> **Weitere Spuren** des Rehes s. S. 47 und 98.

> **Merkmale Spur** Das Abfressen von Baumrinde wird als „Schälung" bezeichnet. Je nach Jahreszeit entstehen dabei völlig unterschiedliche Fraßbilder: Bei der so genannten „Winterschälung" sitzt die Rinde fest am Holz und muss mühsam abgeknabbert werden. Zurück bleiben meist deutlich erkennbare, etwa 5 mm breite Furchen auf der Stammoberfläche durch die Vorderzähne. Bei der „Sommerschälung" hingegen sitzt die Rinde auf Grund des steigenden Baumsaftes lockerer am Holz und wird in längeren Streifen abgezogen. Diese Form der Schälung ist für die betroffenen Bäume besonders schädlich, da das Holz dabei weitgehend bloß gelegt wird und Pilzen und tierischen Schädlingen schutzlos ausgeliefert ist. Der materielle Schaden für die Forstwirtschaft, der insbesondere durch die Schälung von Rotwild verursacht wird, geht in die Millionenhöhe und ist nach dem Bundesjagdgesetz schadenersatzpflichtig.

Rothirsch

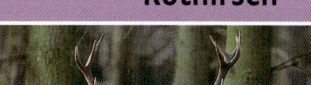

> **Merkmale Tier** *Cervus elaphus* s. S. 46.

> **Vorkommen der Spur** In Wäldern an Bäumen aller Art.

> **Ähnliche Spuren** Auch Damwild und Rehe ernähren sich gelegentlich von Baumrinde. Die Größe der Zahnabdrücke und die Bodenhöhe der Schälung geben Hinweise darauf, welche Tierart geschält hat. Zur eindeutigen Klärung sollten allerdings weitere Spuren herangezogen werden.

> **Weitere Spuren** des Rothirsches s. S. 46, 98 und 110.

Biber

> **Merkmale Spur** Biber ernähren sich von allerlei pflanzlicher Kost, insbesondere auch von Rinde, Zweigen und Blättern. Um diese Nahrungsquellen in ausreichendem Maße zu erschließen, fällt er ganze Bäume. Vornehmlich Weiden, Pappeln, Birken und Eschen, selten auch Eichen oder Nadelbäume. Der Baumstamm wird etwa 0,5 m über dem Boden rundum benagt, so dass er sanduhrförmig dünner wird und schließlich umfällt. Dünnere Bäumchen werden oft auch nur einseitig bis zum Umstürzen benagt. Rings um die Stammbasis liegen die 3–4 cm breiten und 10–12 cm langen abgebissenen Holzspäne und geben einen Eindruck von der Nagekraft des Bibers. Deutlich zu erkennen sind die etwa 8 mm breiten Zahnspuren. Von den gefällten Bäumen werden die Äste abgebissen, in transportable Längen genagt und als Baumaterial für die Wohnburg (s. S. 18) und den Damm genutzt oder als Nahrungsvorrat in die Burg geschleppt.

> **Merkmale Tier** *Castor fiber* s. S. 18.

> **Vorkommen der Spur** In Wäldern und Baumgruppen entlang von naturnahen Flussauen mit stehenden und fließenden Gewässern.

> **Ähnliche Spuren** Unverwechselbar. Aus Südamerika als Pelztier eingeführt und in Mitteleuropa eingebürgert ist der Sumpfbiber oder Nutria. Er ähnelt dem Biber in Gestalt, ist aber kleiner und hat einen drehrunden Schwanz. Er ernährt sich von verschiedenen Wasserpflanzen, mitunter auch von Muscheln und Schnecken.

> **Weitere Spuren** des Bibers s. S. 18.

Rötelmaus

> Merkmale Spur Rinde spielt als Nahrung für viele Nagetiere eine wichtige Rolle, insbesondere im Winter und zeitigem Frühjahr. Rötelmäuse entrinden dabei Äste und Stämme vollständig, zurück bleibt das weithin leuchtende helle Holz. Da Rötelmäuse geschickte Kletterer sind, finden sich die Nagespuren auch oben in Bäumen. Unter den abgenagten Stellen liegen am Boden verstreut in kleinen Fetzen die äußeren Rindenteile, gefressen wird nur der darunter liegende lebende Teil der Rinde, der Bast. Im Holz sind mitunter die 1,5–2 mm breiten Abdrücke der beiden Nagezähnchen zu sehen.

> Merkmale Tier *Clethrionomys glareolus* Körperlänge 8–9 cm, Schwanzlänge ca. 4 cm. Oberseite rotbraun, Bauchseite weißlich. Im Vergleich zu anderen Wühlmäusen relativ große Ohren und Augen. Häufig tagaktiv.

> Vorkommen der Spur An der Rinde fast aller Nadel- und Laubbäume, sehr gerne an Holunder. In Wäldern, an Waldrändern, in Parks und Gärten.

> Ähnliche Spuren Auch andere Wühlmausarten, insbesondere Erd- und Schermäuse bedienen sich dieser Nahrungsquelle. Da beide Arten nicht klettern, finden sich die Spuren nur im unteren Stammbereich bis in etwa 20 cm Höhe, es sei denn Kletterhilfen oder Schnee erlauben ein Erreichen höherer Stellen. Auch Hasen und Kaninchen nagen Rinde ab, hinterlassen aber kräftigere Zahnmarken.

> Weitere Spuren der Rötelmaus s. S. 102.

Schwarzspecht

stämme, die etwa 10–15 cm breit, bis zu 60 cm lang und bis zu 20 cm tief sein können. Meist beginnt der Schwarzspecht am Grund des Stammes und arbeitet sich dann langsam weiter hoch. Am Fuß des Baumes sammeln sich die herausgehackten Späne an, die eine Länge von 10–15 cm haben können. Alte Baumstümpfe und morsches Holz werden bei der Nahrungssuche vom Schwarzspecht oft regelrecht zerlegt (vergl. Fotos S. 62).

> Merkmale Spur Spechte ernähren sich zu einem großen Teil von Insekten sowie deren Larven und Puppen, die im Holz unter der Baumrinde leben. Dazu hacken sie mit ihrem meißelförmigen Schnabel Löcher in Baumstämme. Besonders auffällig sind dabei die Spuren der Nahrungssuche vom Schwarzspecht: Er frisst bevorzugt die großen Rossameisen, die ihre Baue tief im Nadelholz verborgen anlegen. Dazu schlägt er mit wuchtigen Schnabelhieben und großem Kraftaufwand unregelmäßige, längliche Löcher in Baum-

> Merkmale Tier *Dryocopus martius* Knapp krähengroß. Schwarz mit roter Kopfkappe und hellem Schnabel.

> Vorkommen der Spur In Misch- und Nadelwäldern.

> Ähnliche Spuren Die Nahrungssuche im Holz durch andere Spechtarten hinterlässt deutlich kleinere Spuren. Dreizehenspechte und seltener auch Buntspechte haben eine charakteristische Methode, um an den nahrhaften Baumsaft zu kommen: Sie hacken Löcherlinien in den Stamm, man spricht dann auch vom „ringeln".

Eichhörnchen

> **Merkmale Spur** Unter Fichten finden sich mitunter große Mengen etwa 5–10 cm langer Zweige. Sie wurden von Eichhörnchen abgebissen, um an die nahrhaften männlichen Blütenkätzchen zu gelangen. Diese sitzen in den Achseln der vorjährigen Triebe, direkt dahinter beißen die Eichhörnchen den Zweig ab. Das Innere der Knospen wird leer gefressen, zurück bleibt nur ein Kranz ausgehöhlter Knospenschuppen am Grund der abgebissenen Zweige. Neben Fichten werden auch die Blütenknospen von Tannen, Buchen und Eichen gefressen. Dieses Phänomen lässt sich desto häufiger finden, je weniger Zapfen bzw. Bucheckern und Eicheln gereift sind.

> **Merkmale Tier** *Sciurus vulgaris* s. S. 16.

> **Vorkommen der Spur** In Nadel- und Mischwäldern mit Fichtenbestand.

> **Ähnliche Spuren** Durch den glatten Abbiss wirken die Zweige wie abgeschnitten. Durch Sturm abgerissene Zweige hingegen haben eine ungleichmäßige, raue, faserige Abbruchstelle und brechen nicht alle in der gleichen Länge direkt hinter den männlichen Kätzchen. Blatt- und Blütenknospen stellen im Winter eine energiereiche Nahrung für Pflanzenfresser dar. Während die am Boden zu erreichenden von Rehen, Hirschen, Hasen und Kaninchen gefressen werden, sind es neben dem Eichhörnchen insbesondere Rötel-, Wald- und Gelbhalsmäuse, die kletternd auch die höher gelegenen Knospen erreichen können.

> **Weitere Spuren** s. S. 16, 55 und 71.

Waldmaus

der Schalenaußenseite sind feine Abdrücke der Zähne zu sehen.

> Merkmale Tier *Apodemus sylvaticus* Körperlänge knapp 10 cm, etwa körperlanger Schwanz. Oberseite graubraun, Unterseite weißlich, mitunter mit gelblichem Kehlfleck. Große Augen und Ohren.

> Vorkommen der Spur Da Mäuse in ständiger Gefahr leben, von Raubvögeln oder Füchsen erbeutet zu werden, schaffen sie versteckte Vorratslager unter Wurzeln, Steinen, in denen sie geschützt fressen können. In Wäldern und offener Landschaft und Gärten, im Winter auch in Gebäuden.

> Merkmale Spur Haselnüsse stellen eine wichtige Nahrungsgrundlage für Mäuse dar. Waldmäuse sowie die nah verwandten Gelbhalsmäuse öffnen die Früchte auf charakteristische Weise, um an die nahrhaften Kerne zu gelangen: Sie drücken die Nuss mit den Vorderfüßen auf den Boden und nagen zunächst eine kleine Öffnung in die harte Schale. In dieses Loch werden die unteren Vorderzähne gesteckt, die oberen Schneidenzähne dienen als Widerlager. Nun vergrößert die Maus mit den Vorderzähnen das Loch. Auf

> Ähnliche Spuren Rötelmäuse haben eine etwas andere Technik, bei der keine Zahnspuren auf der Schalenaußenseite entstehen. Eichhörnchen nagen zunächst ein kleines Loch in die Nuss, stecken ihre unteren Schneidezähne hinein und knacken dann die Nuss in zwei Hälften. Vögel hacken mit ihrem Schnabel auf die Schale ein, es entstehen unregelmäßigere Löcher.

Eichhörnchen

> **Merkmale Spur** Die nährstoffreichen Samen von Nadelbäumen sind eine wichtige Nahrungsgrundlage für Eichhörnchen. Die kleinen Samen liegen in den verholzten Zapfen verborgen und werden auf charakteristische Art freigelegt: Der Zapfen wird am oberen Ende mit den Vorderfüßen festgehalten, am unteren Ende beginnt das Eichhörnchen damit, die Samenschuppen mit den Zähnen rauszureißen und zur Mitte des Zapfens hin abzubeißen. Übrig bleiben eine unordentlich aussehende, zerfranste Zapfenspindel, an deren Ende meist einige Schuppen schopfartig unberührt bleiben sowie eine Menge abgerissener Schuppen. Häufig findet sich eine größere Zahl solcher Zapfenspindeln auf einem Baumstumpf oder erhöhtem Stein.
> **Merkmale Tier** *Sciurus vulgaris* s. S. 16.
> **Vorkommen der Spur** Grundsätzlich überall dort wo Eichhörnchen leben: In Wäldern, Parks und Gärten mit Nadelbäumen.

> **Ähnliche Spuren** Auch andere Mäusearten fressen Samen verschiedener Nadelbäume und müssen zuvor den schützenden Zapfen bearbeiten. Diese Arbeit erledigen sie meist versteckt, so dass man die Reste nicht so frei findet wie die des Eichhörnchens. Sie nagen die Samenschuppen fein säuberlich ab, so dass die übrig bleibende Zapfenspindel nicht zerfranst, sondern ordentlich aussieht. Vom Buntspecht bearbeitete Zapfen s. S. 72.
> **Weitere Spuren** des Eichhörnchens s. S. 16, 55 und 69.

Buntspecht

> **Merkmale Spur** Als „Spechtschmiede" wird der Platz bezeichnet, an dem Buntspechte die Zapfen von Nadelbäumen bearbeiten: Sie hacken einen Zapfen vom Baum und fliegen mit ihm an einen Baumstamm, in dessen Rinde sich der Zapfen mit der Spitze nach oben festkeilen lässt. Entweder wählen die Spechte einen Stamm mit rissiger Borke (etwa eine alte Eiche), oder sie hacken mit ihrem Schnabel eine geeignete Ritze in den Stamm. Anschließend hacken sie mit ihrem meißelförmigen Schnabel auf den Zapfen-

schuppen herum, bis sie an die nahrhaften Samen gelangen. Ist eine Seite des Zapfens leer gefressen, wird dieser gedreht und weiter bearbeitet. Am Ende hat der Zapfen ein grob zerzaustes Aussehen mit abgebrochenen oder umgeknickten Schuppen (vgl. Aussehen der Zapfen-Fraßspuren S. 63). Er wird meist aus der Schmiede herausgezogen, um Platz für den nächsten zu schaffen. Unterhalb einer solchen Spechtschmiede können sich im Laufe des Winters große Mengen bearbeiteter Zapfen ansammeln. Auch Haselnüsse werden vom Buntspecht in „Spechtschmieden" eingeklemmt, um die Schalen aufzuhacken.

> **Merkmale Tier** *Dendrocopos major* s. S. 30.

> **Vorkommen der Spur** An Baumstämmen in Wäldern, Parks und Gärten.

> **Ähnliche Spuren** Auch einige andere Spechtarten legen Schmieden an.

> **Weitere Spuren** des Buntspechts s. S. 30.

Fichtenkreuzschnabel

> **Merkmale Spur** Fichtenkreuzschnäbel ernähren sich zu einem Großteil von Fichten-, Tannen-, Kiefern- und Lärchensamen. Um diese aus den hölzernen Zapfen zu bekommen, bedienen sie sich einer besonders raffinierten Technik: Der gekreuzte Schnabel wird zwischen Zapfenspindel und -schuppe eingeschoben. Durch Schnabel- und Kopfbewegungen wird die Schuppe dann angehoben und der Samen mit der klebrigen Zunge hervorgeholt. Bei dieser Prozedur reißt die Deckschuppe häufig in der Mitte der Länge nach auf, wodurch die Fraßspur später eindeutig Kreuzschnäbeln zuzuordnen ist (vgl. Illustration auf S. 63). Kleinere Zapfen reißt der Vogel ab und bearbeitet sie auf einem Ast, größere lässt er dabei hängen.

> **Merkmale Tier** *Loxia curvirostra* Etwas größer als ein Spatz. Männchen überwiegend rötlich, Weibchen gelblich-grünlich gefärbt. Die Spitzen von Unter- und Oberschnabel kreuzen sich.

> **Vorkommen der Spur** An und unter hohen Nadelbäumen in Nadel- und Mischwäldern, außerhalb der Brutzeit auch in Parks und Gärten.

> **Ähnliche Spuren** Zum Teil gibt es bei uns aus Nordeuropa einwandernde Kiefernkreuzschnäbel. Sie bearbeiten die Nadelbaumzapfen in gleicher Weise, bevorzugen allerdings größere und härtere Kiefernzapfen, deren Zapfenschuppen oftmals nicht der Länge nach aufreißen. Bearbeitete Zapfen von Eichhörnchen s. S. 71, vom Buntspecht s. S. 72.

Amsel

> **Merkmale Spur** Äpfel sind im Herbst eine willkommene Nahrung für viele Tiere. Amseln, aber auch Wacholder-, Rot- und Singdrosseln hinterlassen dabei charakteristische Fraßspuren: Von der für sie weniger schmackhaften Schale lassen sie relativ viel übrig, das Fruchtfleisch fressen sie zu großen Teilen heraus und höhlen den Apfel dabei schüsselförmig aus. Mitunter bleibt in der Mitte dieser Apfelreste das Kerngehäuse zurück. An den Innenseiten kann man deutlich die Pickspuren der spitzen Schnäbel erkennen.

> **Merkmale Tier** *Turdus merula* s. S. 20.

> **Vorkommen der Spur** In Obstplantagen und Gärten, an und unter Apfelbäumen.

> **Ähnliche Spuren** Fast alle Nagetierarten fressen Äpfel. Sie hinterlassen dabei deutliche Zahnspuren im Fruchtfleisch, an deren Größe man eine ungefähre Einordnung vornehmen kann: Bei 4–6 mm Schneidezahnbreite waren Eichhörnchen oder Siebenschläfer am Werk, bei 3–4 mm Schermäuse und bei 1,5–2,5 mm kleinere Mäusearten. Kreuzschnäbel sind besonders an den Samen der Äpfel interessiert und hacken größere Stückchen des Fruchtfleisches heraus, um zum Kerngehäuse zu gelangen. Im Herbst und Winter sind Hagebutten eine wichtige Nahrung für Vögel: Drosseln fressen das Fruchtfleisch und lassen die Kerne zurück, Finkenvögel machen es genau umgekehrt.

> **Weitere Spuren** der Amsel s. S. 20, 49, 103 und Eitafel S. 129.

> **Merkmale Spur** Wildschweine suchen ihre Nahrung nicht nur oberirdisch, sondern auch unter der Erde. Dazu wühlen („brechen") sie den Boden mit ihrer rüsselartig verlängerten Schnauze auf und durchpflügen in regelrecht auf der Suche nach Würmern, Insekten und deren Larven, Pilzen, Mäusenestern, Eicheln, Bucheckern und vielem anderen mehr. Diese Wühltätigkeit kann einen beträchtlichen Umfang erreichen. Beim Umbrechen von Grünland in der Nähe menschlicher Behausungen entstehen erhebliche Schäden, während das Durchwühlen des Bodens im Wald eher positiv bewertet wird: Die Durchmischung des Bodens beschleunigt die Humusbildung und auf den neu geschaffenen offenen Bereichen kann Baumsaat besser keimen.

> **Merkmale Tier** *Sus scrofa* Kräftige Schweine mit dicht borstigem, dunkelbraunem Fell. Männchen („Keiler") mit hervorstehenden Eckzähnen im Unterkiefer („Hauer"). Körperlänge 1,3–1,8 m.

Jungtiere („Frischlinge") mit hellem Streifenmuster.

> **Vorkommen der Spur** In Wäldern sowie auf Wiesen und Äckern, wo im Erdreich Fressbares zu finden ist.

> **Ähnliche Spuren** Dachse kratzen mitunter den Boden auf Wiesen auf, um Würmer und Insektenlarven zu erbeuten. Ihre Wühltätigkeit erreicht aber bei weitem nicht das Ausmaß von Wildschweinen. Auf frischer Erde sind meist eindeutige Spuren zu finden.

> **Weitere Spuren** des Wildschweins s. S. 48, 99 und 108/109.

Fraßspuren

Raubsäuger

Speichelreste miteinander verklebt sind. Der untere Teil des Federkiels ist durchgebissen, oft sind auch die Fahnen beschädigt. Meistens werden der komplette Kopf und kleinere Knochen gefressen. An einem Riss ist nicht eindeutig zu sagen, ob der Raubsäuger den Vogel auch tatsächlich erbeutet hat: Möglich, dass es sich um einen angefressenen Kadaver (Straßenopfer, Reste einer Rupfung) handelt.

> Merkmale Spur Das Auffinden von Federn kann im Wesentlichen drei Gründe haben: Einzelne Federn mit völlig intaktem Federkiel und unversehrter Fahne gehen in der Regel auf Mauser zurück. Bei einer größeren Menge von Federn an einem Platz handelt es sich meist um Nahrungsreste – entweder einer Rupfung durch einen Greifvogel (s. S. 77) oder den Riss eines Raubsäugers. Raubsäuger wie Füchse, Marder und Katzen beißen die Federn in zusammenhängenden Büscheln ab, die häufig noch durch

> Vorkommen der Spur Überall dort, wo Raubsäuger leben und Beute machen. Sehr häufig im Eingangsbereich bewohnter Fuchsbauten, oder auf Dachböden und in Scheunen, wo Steinmarder leben.

> Ähnliche Spuren Es ist in der Regel nicht möglich, ausschließlich anhand des Risses zu bestimmen, welches Raubtier Beute gemacht hat: Fuchs, Baum- und Steinmarder, Iltis, Wiesel oder Katze. Aufschluss können mitunter Losung, Trittsiegel oder auch die unmittelbare Nähe zu einem Bau geben.

Habicht

> **Merkmale Spur** Hier wurde eine Ringeltaube von einem Habicht geschlagen und gerupft. Habichte rupfen einem erbeuteten Vogel mit ihrem kräftigen Schnabel jede Feder einzeln heraus. Dabei packen sie die Federn am Schaft, der Federkiel wird vollständig aus der Haut gerissen (vgl. Riss S. 76), allerdings entsteht meist ein Loch oder ein Bruch an der Stelle, an der der Schnabel angesetzt hat. Meist bleiben Schädelreste, größere Knochen und die Beine am Rupfplatz zurück, werden später aber gerne von Mäusen und anderen Kleinsäugern verschleppt.

> **Merkmale Tier** *Accipiter gentilis* Weibchen etwa mäusebussardgroß, Männchen kleiner. Langer Schwanz, relativ kurze, rundliche Flügel. Altvögel unterseits weißlich mit kräftiger, dunkler Querbänderung. Jungvögel unterseits gelblich braun mit dunkelbraunen, tropfenförmigen Flecken.

> **Vorkommen der Spur** Habichte rupfen ihre Beute meist gut geschützt im Wald oder unter dichtem Gebüsch.

> **Ähnliche Spuren** Rupfungen des kleineren Sperbers: Oft liegen sie etwas erhöht auf einem Baumstumpf oder Ähnlichem. Beutevögel sind beispielsweise Meisen, Drosseln und Finken. Wanderfalken hingegen schlagen meist größere Vögel wie Tauben, Enten und Möwen. Meist rupfen sie ihre Beute an einer frei liegenden Stelle und fressen aber oft nur das Brustfleisch, zurück bleibt in der Regel ein mehr oder weniger zusammenhängendes Skelett. Von Raubsäugern gerissener Vögel s. S. 76.

Bisam, Bisamratte

> Merkmale Spur Bisamratten ernähren sich während der Vegetationsperiode in erster Linie von Wasserpflanzen verschiedener Arten sowie Gräsern, Kräutern, Obst und Weidenzweigen. Darüber hinaus werden aber insbesondere im Winter und Frühjahr Muscheln, Wasserschnecken und Krebse erbeutet. An bestimmten Fraßplätzen direkt am Ufer finden sich oftmals große Mengen vom Rand her aufgebissener und ausgefressener Muschelschalen: Hauptsächlich Teich-, Fluss- und Malermuschel, mitunter auch Dreikantmuschel. Für die Restbestände bedrohter Muschelarten stellt der Fraßdruck durch Bisams eine Gefahr dar. An einem Fraßplatz konnten in einem Jahr die Schalen von 1000 Muscheln nachgewiesen werden.

> Merkmale Tier *Ondatra zibethicus* s. S. 19.

> Vorkommen der Spur Am Uferbereich von stark bewachsenen Teichen und Seen, Kanälen und langsam fließenden Flüssen.

> Ähnliche Spuren Auch Fischotter haben bestimmte Fraßplätze am Gewässerufer und erbeuten gelegentlich Muscheln, deren aufgebissene Schalen zurückbleiben. Meist wird man an ihrem Fraßplatz aber auch Reste von Fischen finden. Gelegentlich fressen auch Graureiher den Inhalt größerer Muscheln. Die Schalen liegen dann aber zerstreut am Ufer herum, nicht an einem festen Fraßplatz. Außerdem hacken sie die Schalen mit dem Schnabel auf.

> Weitere Spuren des Bisams s. S. 19.

Singdrossel

> **Merkmale Spur** Singdrosseln ernähren sich unter anderem von kleineren Gehäuseschnecken, insbesondere Schnirkelschnecken. Da sie diese nicht ohne weiteres mit dem Schnabel aufhacken können, greifen sie die Schnecken am Gehäuse-Mündungsrand und schlagen sie mit heftigen Kopfbewegungen auf eine harte Unterlage, bis die Schalen zertrümmert sind. Als „Amboss" dient dabei meist ein auf der Erde liegender Stein oder ein Ast. Oft wird diese so genannte „Drosselschmiede" über mehrere Jahre hinweg genutzt. Im näheren Umkreis sammeln sich dann viele zerbrochene und leer gefressene Schneckengehäuse an.

> **Merkmale Tier** *Turdus philomelos* Etwas kleiner als eine Amsel. Oberseite braun, Unterseite hell mit kleinen, tropfenförmigen Flecken übersät. Große, dunkle Augen.

> **Vorkommen der Spur** In Wäldern, Parks und Gärten auf dem Boden um Steine und Äste herum.

> **Ähnliche Spuren** Auch Mäuse (insbesondere Rötelmäuse) und Ratten erbeuten Gehäuseschnecken. An ihren Fraßplätzen können sich ebenfalls große Mengen von Schalenresten ansammeln, allerdings liegen sie meist verborgen und nicht offen wie die der Singdrossel. Außerdem zerschlagen Mäuse die Gehäuse nicht auf einem „Amboss", sondern nagen sie an der Spitze beginnend den Gehäusewindungen folgend auf. Die letzte, bauchige Windung bei von Mäusen gefressenen Schnecken meist unbeschädigt.

Krähe

> **Merkmale Spur** Im Frühjahr finden sich häufig Eierschalen in der Natur. Auf dem großen Foto oben ist ein Stockenten-Ei zu sehen, das von einer Krähe geraubt wurde. Krähenvögel nehmen die Eier mit dem Schnabel aus dem Nest und fliegen weg, um es zu öffnen. Dazu hacken sie mit ihrem Schnabel ein unregelmäßiges Loch in die Schale. Im Innern des Eies finden sich nach dem Ausfressen noch Reste von Dotter und Eiweiß, wenn das Küken im Ei schon relativ weit entwickelt war, mitunter auch Blutspuren.

> **Merkmale Tier** *Corvus* spec. Schwarzer Vogel mit relativ kräftigem Schnabel.
> **Vorkommen der Spur** Krähen öffnen geraubte Eier besonders häufig an Wegen oder auf Feldern und Wiesen.
> **Ähnliche Spuren** Aus den meisten gefundenen Eierschalen sind Küken geschlüpft, auch wenn sie nicht in Nestnähe liegen: Viele Vogelarten entfernen die Schalen aus dem Nest und lassen sie einfach irgendwo fallen. In ihnen finden sich keine Reste von Dotter oder Eiweiß, die innen liegende Eihaut ist weitestgehend intakt und bildet nach dem Trocknen einen kleinen Wulst an den Schalenrändern. Neben Krähenvögeln rauben auch Möwen häufig Eier, fressen diese aber meist direkt im oder am Nest. Von Fuchs oder Marder geöffnete Eier zeigen häufig Zahnmarken auf den Schalen und nicht die unregelmäßigen Hackspuren eines Schnabels.
> **Weitere Spuren** von Krähen s. S. 28 und Eitafel S. 130.

Neuntöter, Rotrückenwürger

> **Merkmale Spur** Neuntöter erbeuten größere Insekten wie Käfer, Hummel, Libellen, Heuschrecken und Schmetterlinge, aber auch Mäuse, Eidechsen und Jungvögel. Ihre Beute spießen sie häufig auf Dornen und an Stacheldraht auf, nur selten wird sie in Astgabeln oder dergleichen eingeklemmt. Dieses Verhalten dient der Vorratshaltung sowie der Fixierung, wodurch die Beute besser zerlegt und beispielsweise von Giftstacheln oder harten Flügeldecken befreit werden kann. Mitunter bis zu 30 aufgespießte Beutetiere im Revier als Vorratsanlage.

> **Merkmale Tier** *Lanius collurio*
Etwas kleiner als eine Amsel. Männchen mit rotbraunem Rücken, grauem Kopf und schwarzer „Räubermaske". Weibchen schlichter mit gewellter Strichzeichnung auf heller Unterseite. Sitzt häufig erhöht auf Aussichtswarte, zum Beispiel den Spitzen von Büschen und Bäumen.

> **Vorkommen der Spur** Von April bis Oktober in Dornengebüsch und an Stacheldraht offener Wiesenlandschaften, Heide- und Moorgebiete. Den Winter verbringen Neuntöter in Afrika.

> **Ähnliche Spuren** Der nahe verwandte Raubwürger ist etwas größer und grau mit schwarzer Masken-, Flügel- und Schwanzzeichnung. Seine Beute ist meist ein wenig größer und wird meist in Astgabeln oder Rindenspalten festgeklemmt. Die „Schlachtbänke" des Raubwürgers lassen sich ganzjährig finden.

> **Weitere Spuren** des Neuntöters
s. S. 128.

Haselnussbohrer, Nussrüssler

> **Merkmale Spur** Im Spätsommer und Herbst finden sich oft Haselnüsse, die ein etwa 1–2 mm kleines, kreisrundes Loch aufweisen. Hier war die Larve des Haselnussbohrers am Werk: Nachdem das Weibchen ein Ei in die noch unreife Haselnuss gebohrt hat, entwickelt sich die Frucht zwar äußerlich zunächst normal weiter. Im Innern jedoch frisst die Larve den Kern und zurück bleibt nur der bröselige, braune Kot. Meist fallen die befallenen Haselnüsse auch vorzeitig vom Busch. Ist die Larve ausgewachsen, bohrt sie sich von Innen ein kleines Loch – die unverkennbare Fraßspur –, durch das sie herausschlüpft, sich in der Erde eingräbt und verpuppt, um schließlich als fertiger Käfer zu schlüpfen.

> **Merkmale Tier** *Curculio nucum* 6–8 mm langer Käfer mit etwa ebenso langem, gebogenem Rüssel. Überwiegend bräunlich mit gelblichen Flecken auf den Flügeln. Die Familie der Rüsselkäfer weist innerhalb der Käfer den größten Artenreichtum auf. Unter den Käfern stellen sie außerdem den größten Teil an Pflanzen- und Vorratsschädlingen. Sie sind charakterisiert durch den rüsselartig verlängerten Kopf.

> **Vorkommen der Spur** An und vor allem unter Haselnusssträuchern an Waldrändern, Hecken sowie in Parks und Gärten.

> **Ähnliche Spuren** Ähnlich in Lebensweise und Aussehen ist der Eichelbohrer (*Curculio venosus*), dessen Larven sich in Eicheln entwickeln, die sich später ebenfalls mit einem kleinen, verräterischen Löchlein finden lassen.

Eichenbock, Heldbock

> **Merkmale Spur** Fingerdicke, im Querschnitt ovale Gänge im Holz von alten Eichen gehen auf die Fraßtätigkeit von Larven des Eichenbocks zurück. Zunächst legt das Käferweibchen seine Eier an geeigneten Eichenstämmen ab. Die schlüpfenden Larven fressen in der Rinde, dringen dann aber ins Kernholz vor, das sie während ihrer bis zu fünfjährigen Entwicklungsdauer kreuz und quer durchbohren. Ausgewachsene Larven haben eine Länge von 9–10 cm, entsprechend groß können die gefressenen Gänge sein. Für die Holzwirtschaft ist das Holz nach dem Befall vom Eichenbock wertlos.

> **Merkmale Tier** *Cerambyx cerdo* Mit 3–5 cm Körperlänge einer der größten heimischen Käfer. Schlanke Gestalt. Grundfärbung schwärzlich-braun, die Flügeldecken an den Spitzen rotbraun. Fühler der Weibchen körperlang, die der Männchen fast doppelt so lang. Die erwachsenen Käfer sind dämmerungs- und nachtaktiv. Durch das Feh-

len geeigneter alter Eichen ist die Art bei uns selten geworden und geschützt.

> **Vorkommen der Spur** An alten Eichen in Wäldern, an Wald- und Straßenrändern sowie in Parkanlagen.

> **Ähnliche Spuren** Die Fraßgänge anderer Bockkäfer-Arten erreichen nicht diese Ausmaße. Ähnlich dimensionierte Fraßgänge hinterlassen die bis zu 10 cm langen Schmetterlingsraupen des Weidenbohrers (*Cossus cossus*), allerdings nur selten in Eichen, sondern in Weiden, Pappeln, Birken, Erlen und gelegentlich Obstbäumen.

Buchdrucker

> **Merkmale Spur** Das charakteristische Fraßbild des Buchdruckers entsteht folgendermaßen: Zunächst nagt ein Männchen eine so genannte „Rammelkammer" unter die Rinde, in die durch Duftstoffe meist 2 Weibchen gelockt werden. Nach der Begattung nagen die Weibchen jeweils 1 Muttergang, der in Faserrichtung des Holzes verläuft, bei stehenden Bäumen nach oben oder unten, bei liegenden horizontal. In Nischen des Mutterganges werden in regelmäßigen Abständen etwa 80 Eier gelegt. Die daraus schlüpfenden, madenförmigen Larven fressen sich beiderseits senkrecht zum Muttergang durch die Rinde, zurück bleiben etwa 5 cm lange mit dem Wachstum der Larven immer breiter werdende Gänge. An deren Enden verpuppen sich die Tiere und nagen sich schließlich als Jungkäfer nach außen.

> **Merkmale Tier** *Ips typographus* Einer der häufigsten Borkenkäfer. 4–5 mm lang, als Jungkäfer gelblichbraun, im Alter schwärzlich. Gedrungener Körper abstehend hell behaart.

> **Vorkommen der Spur** An Fichten, gelegentlich auch an Lärchen oder Kiefern, insbesondere an geschwächten oder auch bereits umgestürzten Bäumen.

> **Ähnliche Spuren** In Mitteleuropa leben über 100 Borkenkäfer-Arten. Dabei sind die Wirtsbäume, der jeweilige Aufenthalt in Rinde oder Holz, sowie das Fraßbild artspezifisch. Die einzelnen Arten lassen sich anhand dieser Kriterien meist leichter bestimmen als nach der Gestalt der kleinen Käfer.

Kastanien-Miniermotte

> Merkmale Spur Die bei uns erst seit etwa 20 Jahren vorkommende Kastanien-Miniermotte legt ihre Eier auf die Oberseite von Rosskastanienblättern. Die winzigen Raupen fressen innerhalb des Blattgewebes, zurück bleiben charakteristische bräunliche Fraßgänge. Am Ende eines jeden Fraßganges liegt eine kleine rundliche Kammer, in der die Puppe liegt. Oft fressen 50 und mehr Räupchen an einem Blatt, das daraufhin vorzeitig welkt und bereits früh im Jahr vom Baum fällt.

> Merkmale Tier *Cameraria ohridella* Mottenähnlicher Kleinschmetterling, etwa 5 mm lang. Grundfärbung hellbräunlich. 4 weiße, schwarz gerandete Querbinden auf Flügeln. Hinterer Flügelrand mit langen Haarfransen. Beine schwarz-weiß geringelt. Raupe abgeflacht, bis 4 mm lang, weißlich, in deutlich eingeschnürte Segmente gegliedert.

> Vorkommen der Spur An den Blättern der Rosskastanie in Wäldern, Parks, Alleen und Gärten.

> Ähnliche Spuren Miniermotten legen ihre Eier meist an jeweils ganz bestimmte Blätter. Die Raupen fressen sich im Blatt durch das Pflanzengewebe und es entstehen dabei in Größe und Form charakteristische Gänge, die sogenannten Minen. Ähnliche Blattschäden verursacht der Blattbräunepilz *Guignardia aesculi*, der während der gesamten Vegetationsperiode auftreten kann. Diese Blattflecken verbreiten sich über die Blattadern und sind fast immer von einem leuchtend gelben bis hellbraunen Rand umgeben.

Tagpfauenauge

> **Merkmale Spur** Schmetterlingsraupen fressen die Blätter ihrer Futterpflanzen vom Rand her fast völlig auf. Die Weibchen des Tagpfauenauges legen ihre Eier auf die Blattunterseite von Brennnesseln, aus denen 2–3 mm große Räupchen schlüpfen. Während der folgenden 3–4 Wochen fressen die gesellig lebenden, ständig wachsenden Raupen ganze Brennnesselbestände kahl und überziehen diese oftmals mit weißen Gespinsten.

> **Merkmale Tier** *Inachis io* Falter etwa 3,5 cm groß, rotbraun mit leuchtend blauen Augenflecken auf jedem Flügel, die an Pfauenfedern erinnern (Name!). Raupe ausgewachsen etwa 4 cm lang, schwarz, am ganzen Körper mit weißen Pünktchen und auffälligen schwarzen Dornen.

> **Vorkommen der Spur** Von Juni bis September an Brennnesselbeständen an Weg- und Waldrändern, auf Wiesen und in Gärten.

> **Ähnliche Spuren** Brennnesseln sind für die Raupen etlicher Schmetterlinge Hauptfutterpflanzen: Im Aussehen ähnlich sind die ebenfalls gesellig lebenden Raupen des **Kleinen Fuchses** (*Aglais urticae*) schwarz mit gelben Längsstreifen und die des **Landkärtchens** (*Araschnia levana*) schwarz mit zahlreichen Dornen und einer bräunlichen Fleckenreihe an den Flanken. Weitere Schmetterlingsarten, für deren Raupen Brennnesseln eine der wichtigsten Nahrungspflanzen sind, sind **Admiral** (*Vanessa atlanta*), **C-Falter** (*Polygonum c-album*) und **Schönbär** (*Callimorpha dominula*).

Gespinstmotte

> Merkmale Spur Die Raupen der Gespinstmotten leben in großer Anzahl auf den befallenen Büschen. Sie fressen die Blätter vollständig ab und hinterlassen ein gespenstisch aussehendes, völlig mit dichten, weißen Gespinsten überzogenes Buschgerippe. Doch die völlig abgestorben wirkenden Büsche erholen sich rasch vom Kahlfraß und schlagen bereits kurz nach dem Verpuppen der Raupen wieder aus.

> Merkmale Tier *Yponomeuta* spec. Falter mottenähnlich. Vorderflügel silbrig-weiß mit deutlichen schwarzen Pünktchen, Hinterflügel gräulich mit breitem Fransensaum. Raupen etwa 20 cm lang, gelblich mit schwarzer Fleckenzeichnung.

> Vorkommen der Spur Im Mai und Juni auf Büschen und Bäumen entlang von Wald-, Weg- und Straßenrändern, in Flussniederungen, auch im Siedlungsbereich.

> Ähnliche Spuren Die Raupen der **Traubenkirschen-Gespinstmotte** (*Yponomeuta evonymella*) entwickeln sich fast ausschließlich an Traubenkirschen, seltener an anderen Kirschenarten. Weitere relativ häufige Arten sind die **Zwetschgen-Gespinstmotte** (*Y. padella*), die hauptsächlich an Schlehen und Weißdorn frisst, sowie die **Pfaffenhütchen-Gespinstmotte** (*Y. plumbella*), die auf Pfaffenhütchen spezialisiert ist. Ebenfalls in Gespinsten leben dicht gedrängt die Raupen der **Prozessionsspinner** (*Thaumetopoea spec.*), die auf der Suche nach Nahrung in langen Reihen (Prozessionen) wandern.

Losung und Gewölle

Tiere müssen unverdauliche Nahrungsbestandteile wieder ausscheiden. Wir finden ihre Hinterlassenschaften entweder in Form eines ausgewürgten Speiballens (Gewölle) oder in Form von Kot (Losung). Hat der Spurenkundler erst einmal den anfänglichen Ekel gegenüber diesem unappetitlich anmutenden Spurentyp überwunden, eröffnet sich ihm ein spannendes Betätigungsfeld: Die Ausscheidungen geben nicht nur Auskunft über die verursachende Tierart, sondern auch über deren Nahrungszusammensetzung, Größe und Reviergrenzen.

Eulen, Greifvögel, Reiher, Krähen, Möwen, Würger und einige weitere Vogelgruppen würgen die unverdaulichen Reste ihrer Nahrung wie Knochen, Fell, Federn, Zähne, chitinisierte Insektenteile, Kerne oder Krebs- und Muschelschalen als **Gewölle** aus. Meist sind diese Speiballen mehr oder weniger zusammengepresst und walzenförmig. Größe, Form, Konsistenz, Inhalt und Fundort der Gewölle können viele Aufschlüsse über die Vogelarten und ihre Ernährung geben. **Eulen** verschlingen ihre Beute meist im Ganzen oder zumindest in großen Stücken komplett mit Fell, Federn und Knochen. Da ihre Magensäure zudem relativ schwach ist, finden sich in ihren Gewöllen gut erhaltene Knochen und Schädel der Beutetiere. Diese Tatsache

Ein zerlegtes Schleiereulengewölle.

machen sich Säugetierforscher zu Nutze, indem sie verschiedene Kleinsäugerarten einer Region durch genaue Analysen von Eulengewöllen erfassen. Mit entsprechender Spezialliteratur ist es verhältnismäßig einfach, anhand der vorgefundenen Schädel und Zahnmerkmale eine exakte Artbestimmung des Kleinsäugers vorzunehmen. Meist finden sich Eulengewölle in größeren Mengen am Erdboden unter Schlafplätzen, die regelmäßig genutzt werden oder aber wie im Falle der Schleiereulen in von ihnen bewohnten Ställen und Dachböden.

Greifvögel haben in vielen Fällen ein ähnliches Beutespektrum wie Eulen und die Gewölle der beiden Vogelgruppen ähneln sich in Form, Größe und Farbe. Allerdings finden sich zwischen den Fell- und Federresten der Greifvogel-Gewölle kaum Knochenreste. Dies liegt zum einen daran, dass Greife über erheblich aggressivere Magensäure verfügen und Knochen weitgehend auflösen können. Zum anderen verschlingen Greifvögel ihre Beute im Gegensatz zu Eulen meist nicht im Ganzen, sondern rupfen und zerkleinern sie vor dem Fressen. Sie nehmen somit von vornherein weniger Knochen auf.

Kot, der bei Säugetieren auch als **Losung** bezeichnet wird, besteht ganz allgemein aus unverdaulichen Nahrungsteilen wie Haaren, Federn, Schuppen, Knochenstückchen, Chitinteilen von Insekten und Pflanzenteilen sowie aus Schleim, abgestoßenen Darmzellen, Wasser und großen Mengen Bakterien. Größe, Form, Konsistenz, Inhalt, Geruch, Farbe und Lage geben dem Spurenkundler Auskunft über die

Zahlreiche Gewölle unter dem Schlafbaum.

verursachende Tierart sowie deren Ernährungsgewohnheiten. Allerdings ist zu beachten, dass Witterungseinflüsse das Aussehen des Kotes erheblich verändern können: Regen lässt ihn aufquellen und schleimiger werden, während Hitze zum Schrumpfen und Austrocknen führt. Viele Tiere lassen ihre Losung dort fallen, wo sie gerade sind, Rehe beispielsweise einfach im Gehen, so dass sich einzelne Bohnen zwischen den Trittsiegeln finden. Hasen entleeren ihren Darm meist bevor sie sich in ihrer Sasse zur Ruhe begeben, so dass

Gewölle des Graureihers.

auch diese beiden Spuren zusammenliegen. Kaninchen wiederum bevorzugen feste Plätze zur Kotabgabe, so genannte „Latrinen", in denen sich oft riesige Mengen anhäufen. Raubtiere setzen ihre Losung ganz gezielt ab, um damit ihr Revier zu markieren.

Betrachtet man die **Losung von Säugetieren**, ist es hilfreich, die Tiere zunächst auf Grund ihrer Ernährungsweisen in Pflanzen-, Fleisch-, Insekten- und Allesfresser einzuteilen. Zu beachten ist dabei allerdings, dass die Übergänge fließend sind und selbst ausgewiesene Raubtiere wie Fuchs und Marder im Herbst große Mengen reifer Früchte fressen.

Am häufigsten begegnet man der **Losung von Pflanzenfressern**. Das liegt daran, dass pflanzliche Nahrung verhältnismäßig arm an verwertbaren Nährstoffen ist. Die Tiere müssen große Mengen verzehren, um ihren Energiebedarf zu decken. Entsprechend häufig koten sie. Ihre Losung besteht im Wesentlichen aus unverdaulichen Pflanzenresten und hat meist eine charakteristische Bohnen- oder Kugelform.

Bei Rehen und Hirschen bestehen deutliche jahreszeitliche Unterschiede: Im Frühling und Herbst fressen die Tiere hauptsächlich saftige Gräser und Kräuter, ihre Losung wird dadurch weicher und die einzelnen Bohnen kleben aneinander oder fließen völlig ineinander. Im Winter fehlt diese wasserreiche Frischkost und die Tiere weichen auf Knospen, Zweige und Rinde aus, entsprechend trocken und fest sind die einzelnen ausgeschiedenen Bohnen der Losung.

Erheblich seltener trifft man auf die **Losung von Fleischfressern**, da diese auf Grund ihrer eiweißreichen Nahrung weniger fressen müssen. Ihr Kot ist meist länglich-walzenförmig und oft an einem Ende zu einer Spitze ausgezogen. Er enthält Reste von Knochen, Haaren und Federn und riecht normalerweise kräftig. Bei Füchsen und Mardern dient er der Reviermarkierung. Der Kot wird häufig erhöht auf

Fischotter markieren mit ihrer Losung ihr Revier.

Seeadler bei Abgabe seines Geschmeißes.

einem Baumstumpf, einem Stein oder Grasbüschel abgelegt, so dass er seinen Duft weiter ausströmen kann.

Im Herbst fressen auch Raubtiere gerne Früchte, dadurch verfärbt sich die Losung entsprechend und kann zudem größere Mengen unverdauter Kerne enthalten.

Die **Losung von Insektenfressern** wie Igel und Fledermaus ist gekennzeichnet durch einen großen Anteil an Chitinteilen wie den Flügeldecken von Käfern, Beinteilen, Antennen und Ähnlichem. Der Kot ist trocken und lässt sich leicht zerbröseln.

Im Gegensatz zu Säugetieren besitzen **Vögel** keine getrennten Ausgänge für Kot und Harn, sondern nur die so genannte Kloake. Der Urin von Vögeln besteht hauptsächlich aus Harnsäure und ist dickflüssig und haftet als weißliche Haube oder Überzug auf dem Kot. Die Ausscheidungen größerer **Pflanzen fressender Vögel** wie Fasane, Reb-, Auer-, Birk- und Schneehühner werden auch als **Gestüber** bezeichnet. Sie sind von fester Konsistenz, meist walzenförmig und enthalten harte Pflanzenteile. Die Gestüber von Schwänen, Gänsen und Enten sind in frischem Zustand meist grünlich und breiig.

Viele **Samen und Früchte fressende Vögel** hinterlassen halbfesten Kot, der unverdaute Pflanzenteile enthält und die Färbung gefressener Früchte annimmt.

Der Kot **Insekten fressender Vögel** besteht vor allem aus Chitinüberresten und ist meist relativ fest.

Als **Geschmeiß** oder **Kleckse** bezeichnet man den dünnflüssigen, weißlichen Kot von **Fleisch fressenden Vögeln** wie Greifen, Eulen, Reihern, Krähen und Möwen. Die Tiere entleeren sich, indem sie den Schwanz heben und das Harn-Kot-Gemisch in weitem Strahl wegspritzen (siehe Foto oben).

Diese Ausscheidungen enthalten aber kaum noch nachweisbare Beutereste, da sich die Tiere mit dem oben geschilderten Ausspeien von Gewöllen der unverdaulichen Nahrungsbestandteile entledigen.

Waldohreule

> **Merkmale Spur** Die zylindrischen, aschgrauen Gewölle der Waldohreule sind 4–7 cm lang (selten bis zu 10 cm) und etwa 2–3 cm im Durchmesser. Der Inhalt besteht hauptsächlich aus den unverdaulichen Resten von Kleinsäugern, Vögeln und Insekten.

> **Merkmale Tier** *Asio otus* Etwa krähengroße, schlanke Eule mit langen, aufrichtbaren Federohren und orangefarbenen Augen.

> **Vorkommen der Spur** Am Boden vor allem unter Nadelbäumen in Feldgehölzen, am Waldrand, mitunter auch in Gärten. Im Winter bilden Waldohreulen oft kleinere Schlafgemeinschaften auf einem Baum, darunter finden sich dann auch besonders viele Gewölle.

> **Ähnliche Spuren** In Mooren, Heidegebieten oder auf Graslandschaften finden sich mitunter die sehr ähnlichen Gewölle der **Sumpfohreule** (*Asio flammeus*). Sie sind häufig noch länglicher als die der Waldohreule und werden direkt auf dem Boden ausgewürgt. Die Gewölle des **Waldkauzes** (*Strix aluco*) sind mit einer Länge von 2–5 cm und einem Durchmesser von 2–2,5 cm meist kleiner als die der Waldohreule und wirken bauchiger. Oft ist die Oberfläche der Waldkauzgewölle zudem unregelmäßiger und weist hervorstehende Knochenstückchen auf. Die Gewölle des **Steinkauzes** (*Athene noctua*) sind etwa 1,5 bis 3 cm lang und 1 bis 1,5 cm breit und oft relativ bröckelig. Neben Knochen von Kleinsäugern und Vögeln enthalten sie viele Insektenüberreste.

Schleiereule

> Merkmale Spur Die zylindrischen, an den Enden abgerundeten Gewölle der Schleiereule sind 2–7 cm lang und 2,5–3,5 cm im Durchmesser. Ein Speichelüberzug bewirkt, dass frische Gewölle schwärzlich glänzen und wie lackiert aussehen sowie eine glatte Oberfläche haben. Die Gewölle sind fest zusammengepresst. Die äußere Schicht besteht aus Fell- und Federresten, Knochenreste sind von außen meist nicht zu erkennen. Gewölleuntersuchungen zeigen, dass hauptsächlich Wühl- und Spitzmäuse gefressen werden. Dies ist typisch für Schleiereulen, da andere Eulenarten erbeutete Spitzmäuse meist nicht fressen, sondern wegen ihres unangenehmen Geschmacks liegen lassen.

> Merkmale Tier *Tyto alba* Schlanke, hochbeinige, hell gefärbte Eule. Rundlicher Kopf mit herzförmigem, weißem Gesicht und schwarzen Augen. Der Fortpflanzungserfolg ist in hohem Maße abhängig vom Nahrungsangebot und insbesondere vom Massenwechsel der Feldmaus. In Jahren mit besonders vielen Feldmäusen stellen diese bis zu 95 % der Beutetiere und die Eulen brüten zweimal im Jahr mit jeweils großen Gelegen.

> Vorkommen der Spur Im Nestbereich sowie unter Schlafplätzen in Ställen, Ruinen, Kirchtürmen und auf geeigneten Dachböden, oft in großen Mengen.

> Ähnliche Spuren Der Speichelüberzug über den Gewöllen der Schleiereulen ist einzigartig und unterscheidet sie von den Gewöllen aller anderen Eulenarten.

Uhu

> **Merkmale Spur** Gewölle des Uhus sind groß und massig. Im Durchschnitt sind sie 7 cm lang und 2,5–4 cm im Durchmesser, können aber auch bis zu 15 cm lang sein. Je nach Inhalt kann es länglich mit unregelmäßiger Form und hervorstehenden Knochen oder größeren Federn sein, oder eher oval mit abgerundeten Enden und glatter Oberfläche aus verfilzten Kleinsäuger-Haaren. Der Inhalt besteht hauptsächlich aus Knochen-, Fell- und Federresten von Mäusen, Kaninchen, Igeln, Tauben, Krähen- und Greifvögeln.

> **Merkmale Tier** *Bubo bubo* Größte Eule der Welt. Massiger Körper mit dickem Kopf, großen orangegelben Augen und langen Federohren. Der Uhu war in Deutschland nahezu ausgerottet worden, konnte aber durch intensive Auswilderungs- und Schutzmaßnahmen wieder stabile Populationen aufbauen.

> **Vorkommen der Spur** Als Brutplätze dienen dem Uhu Felswände, Kiesgruben und Wälder. Gewölle finden sich insbesondere unterhalb der Nester oder unter Schlaf- und Ruheplätzen.

> **Ähnliche Spuren** Auf Grund der Gesamtgröße sowie der Größe der Knochenreste sind Uhugewölle kaum mit anderen Eulengewöllen zu verwechseln. Ähnlich in Größe und Farbe sind die Gewölle von Graureiher (s. S. 96) und Storch, diese enthalten aber nur Fell- und Chitinüberreste, keine Knochen. Die riesigen Gewölle des See- und Steinadlers sind meist leicht abgeflacht. Sie enthalten große Mengen von Fell- und Federresten.

> Merkmale Spur Die sehr leichten, gräulichen Gewölle des Turmfalken sind 2–4 cm lang und 1–2 cm dick. An einem Ende sind sie abgerundet, am anderen laufen sie spitz aus, oftmals sind sie seitlich etwas zusammengedrückt. Entsprechend ihrer Hauptnahrung bestehen die Speiballen der Turmfalken überwiegend aus Mäusefell, außerdem aus kleinen Federn sowie Insektenteilen.

> Merkmale Tier *Falco tinnunculus* Etwa krähengroßer, schlanker Greifvogel mit langem Schwanz und spitzen Flügeln. Rötlich braun mit schwarzen Flecken. Männchen mit grauem Kopf.

> Vorkommen der Spur Turmfalken besiedeln abwechslungsreiche Kulturlandschaften, Moor- und Heidegebiete, Gebirge sowie Dörfer und Städte. Sie brüten in verlassenen Krähennestern, in Felsnischen, auf Kirchtürmen und anderen nischenreichen Gebäuden sowie in speziellen Nistkästen. Gewölle finden sich insbesondere unterhalb der Nester, dort oft in großer Zahl.

Turmfalke

> Ähnliche Spuren Die ähnlich großen Gewölle vom Sperber (*Accipiter nisus*) bestehen der Nahrung entsprechend im Wesentlichen aus Federresten von Kleinvögeln. Als weitere relativ häufige Greifvogelart lebt bei uns der **Mäusebussard** (*Buteo buteo*). Seine filzig-grauen, gleichmäßig elliptisch geformten Gewölle sind 5–7 cm lang bei einem Durchmesser von etwa 3 cm. Sie finden sich unter Pfählen und Ästen, die dem Greif als Sitzwarte dienen, gelegentlich auch unter dem Nest.

Graureiher

> Merkmale Spur Die großen Gewölle des Graureihers sind von sehr unterschiedlicher Form und Größe. Meist sind sie 4–9 cm lang und 3–4 cm breit. Es kann sich um einen fest zusammengepressten, dicht-filzigen Ballen aus Mäusefellresten handeln (s. Foto) oder auch um einen leicht auseinander fallenden Rest aus Federn und Haaren. Meist beinhaltet das Gewölle auch Chitinstücke von Insekten. Obwohl Fische die Hauptnahrung des Graureihers sind, finden sich im Gewölle weder Gräten noch Schuppen, da diese vollständig verdaut werden.

> Merkmale Tier *Ardea cinerea* s. S. 58.

> Vorkommen der Spur In großer Anzahl unter den Nistbäumen von Graureiher-Kolonien, außerdem an regelmäßig aufgesuchten Schlafplätzen sowie vereinzelt am Ufer und auf Wiesen, wo die Vögel jagen.

> Ähnliche Spuren Die Gewölle des **Weißstorches** (*Ciconia ciconia*) sind regelmäßiger geformt als die des Graureihers. Sie sind meist 4–6 cm lang und 2,5–3 cm dick und von fester, zäher Konsistenz. Sie bestehen im Wesentlichen aus Fell- und Insektenresten, außerdem beinhalten sie Sand und Erde aus dem Darm der häufig gefressenen Regenwürmer. Mitunter brüten Graureiher und Kormorane in gemeinsamen Kolonien. Dort finden sich dann auch die Gewölle der Kormorane, die Knochenreste und Krebspanzer enthalten und von einer häutigen Hülle umgeben sind.

> Weitere Spuren des Graureihers s. S. 58.

> **Merkmale Spur** Die Gewölle von Möwen sind meist kugelförmig oder zylindrisch und je nach Inhalt von unterschiedlicher Konsistenz: Wenn es überwiegend aus Fischgräten, Schnecken- und Muschelschalen oder Krebsüberresten besteht, zerfällt es leicht. Bei überwiegend pflanzlicher Nahrung ist es fester. Als weitere Überreste finden sich zur entsprechenden Jahreszeit große Mengen von Kirschkernen oder auch Müll, wie Plastikteilchen oder Metallreste. Die Gewölle der Sturmmöwe sind 4–7 cm lang und etwa 2 cm im Durchmesser.

> **Merkmale Tier** *Larus canus* Relativ kleine Möwe mit weißem Kopf, grauen Oberflügeln und gelblich-grünem Schnabel und Beinen.

> **Vorkommen der Spur** Möwengewölle finden sich besonders häufig in den Brutkolonien sowie an regelmäßig aufgesuchten Schlafplätzen. Außerdem dort, wo die Vögel Nahrung suchen, zum Beispiel am Strand, auf Feldern oder auf Müllkippen.

Sturmmöwe

> **Ähnliche Spuren** Da die verschiedenen Möwenarten in etwa die gleiche Nahrung zu sich nehmen und die Form und Größe der Gewölle eher von der Nahrungszusammensetzung als von der Größe der Möwe abhängt, ist es ohne Sichtung des Vogels oder zur Hilfenahme anderer Spuren kaum möglich, die Gewölle voneinander zu unterscheiden. Ähnlich sind auch die Gewölle der verschiedenen Krähenvögel, die je nach Nahrungszusammensetzung in Form, Größe und Konsistenz variieren.

Gewölle   **97**

ROTWILD
Bohne kurz zylindrisch oder fast kugelförmig, an einem Ende zugespitzt, am anderen Ende abgerundet oder leicht vertieft. 20–25 mm lang und 13–18 mm dick. Frisch schwärzlich glänzend, später bräunlich matt. Winterlosung einzelne, feste Bohnen, Sommerlosung miteinander verklebte Bohnen oder breiig, meist in großen Haufen.

DAMWILD
Der Losung vom Rotwild ähnlich, aber kleiner. 10–15 mm lange und 7–12 mm dicke, rundliche Kotbohnen. Bohnen auch im Herbst und Winter häufig zu wurstförmigen länglichen Klumpen verklebt, im Frühjahr und Sommer teilweise breiig. Frische Losung schwärzlich glänzend, ältere gräulich-bräunlich matt.

REH, WINTERLOSUNG
10–14 mm lange und 7–10 mm dicke walzen- oder fast kugelförmige Kotbohnen. An einem Ende mit kleiner Spitze, am anderen abgerundet. Frisch schwärzlich-braun glänzend, später matt. Im Herbst und Winter wird hauptsächlich trockene Nahrung wie Knospen und Triebe gefressen, entsprechend trocken sind die einzelnen Bohnen.

REH, SOMMERLOSUNG
Im Frühjahr und Sommer fressen Rehe hauptsächlich saftige Nahrung wie Kräuter, Gräser, Blätter und Beeren, entsprechend feucht ist die Losung. Die einzelnen Kotbohnen klumpen zusammen, mitunter ist der Kot breiig. Rehlosung findet sich an den Äsungsplätzen der Tiere, außerdem wird sie im Gehen abgegeben, so dass sie auf der Fährte liegt.

ELCH

Länglich eichelförmige, zuweilen auch eher kugelförmige Kotbohnen, 2–3 cm lang und 1–1,5 cm dick. Winterlosung (Foto) aus einzelnen kompakten, trockenen, relativ hellen Bohnen, an deren Oberfläche meist Reste von Pflanzenfasern erkennbar sind. Sommerlosung dunkler und feucht, so dass einzelne Bohnen zusammenklumpen.

WILDSCHWEIN

Uneinheitlich geformte Losung. Meist schwarzbraune, in sich segmentiert erscheinende Kotbohnen, die wiederum zusammenkleben können und dann häufig in mehreren Zentimeter dicken, wurstförmigen Klumpen ausgeschieden werden. Je nach Nahrung von fester oder breiiger Konsistenz. Ältere Losung an der Oberfläche grau.

ZIEGE

Losung besteht aus zylindrischen, festen, etwa 1 cm langen Kotbohnen. Oft an beiden Enden abgerundet, mitunter auch an einem Ende in kleine Spitze ausgezogen. Je nach Nahrung von trockener oder feucht-klebriger Konsistenz. Ähnelt stark der Losung von Rehen. Kann in Gebieten, in denen Ziegenherden weiden, leicht verwechselt werden.

SCHAF

Nahezu kugelförmige, mitunter leicht kegelförmig zugespitzte, schwärzlichbraune, schmierige etwa 1 cm große Kotbohnen, die häufig zu kleinen Klumpen oder länglichen Würsten zusammengeklebt sind. Wird meist in großen Mengen abgegeben. Losung ist nicht von der des Mufflons zu unterscheiden und ähnelt der von Hirsch und Reh.

FUCHS

Wurstförmige, etwa 6–10 cm lange und 1,5–2 cm dicke Losung. Wird häufig erhöht auf Baumstümpfen, Grasbüscheln oder Steinen abgesetzt. Meist an einem Ende schraubenförmig oder spitz ausgezogen. Starker Raubtiergeruch. Je nach Konsistenz zerfällt die Wurst auch in mehrere Stücke, dann nur das letzte Stück mit Spitze.

FUCHS

Im Herbst fressen Füchse gerne Beeren: Heidelbeeren führen dann zur Blaufärbung der Losung (s. Foto), Himbeeren zur Rotfärbung. Ansonsten besteht die Fuchslosung aus Überresten von Haaren, Knochenstückchen, Federn, Insekten- oder Pflanzenteilen und ist entsprechend der Nahrungszusammensetzung unterschiedlich gefärbt.

DACHS

Kennzeichnend ist, dass die Losung in kleine, etwa 10 cm tiefe Gruben, den so genannten Latrinen abgesetzt wird, die sich in Nähe des Baues oder entlang fester Wechsel befinden und oft mehrfach benutzt werden. Die Losung ist je nach Nahrung trocken und wurstförmig oder breiig und enthält Reste von Haaren, Knochen, Insekten, Körnern und Beeren.

FISCHOTTER

Losung ohne feste Form, im frischen Zustand schwärzlich und schleimig, später gräulich und zerbröckelt. Intensiver traniger Geruch. Besteht aus Fischschuppen und -gräten sowie Überresten von Krebspanzern. Wird meist auf erhöhten Plätzen am Gewässerufer wie Steinen oder Baumstümpfen abgelegt, um die Reviergrenzen zu markieren.

MARDER

Marderlosung ist meist fest, dünn-wurst-
förmig, spiralig gedreht und an einem
Ende zu einer Spitze ausgezogen. Wird
oft auf erhöhter Stelle abgesetzt. Baum-
marder 8–10 cm lang und etwa 1 cm dick,
mit Moschusgeruch; Steinmarder ähnlich, aber Geruch unangenehm; Iltis
6–8 cm lang; Hermelin 3–4 cm lang;
Mauswiesel noch kleiner.

MARDER

Im Herbst fressen Marder ähnlich wie
Füchse reife Beeren, die zu einer deutlichen Verfärbung der Losung führen. Ver-
zehr von Heidelbeeren führt zu intensiver
Blaufärbung (s. Foto). Ansonsten besteht
die Losung aus Haaren, Federn, Knochenstückchen und Insektenüberresten, bei
eher pflanzlicher Nahrung entsprechend
aus Beerenresten und Samen.

IGEL

Walzenförmige, schwarz glänzende, stin-
kende, etwa 3–4 cm lang und 8–10 mm
dicke Losung, meist an einem Ende etwas
zugespitzt. Igel ernähren sich zum Groß-
teil von Insekten, deren Chitinüberreste
sich meist an der Oberfläche der Losung
erkennen lassen. Sonstige Bestandteile
sind mitunter Haare, Federn, Knochenstückchen und Beeren.

FLEDERMAUS

Dunkelbraune bis schwärzliche Kot-
würstchen, je nach Art zwischen 3 und
10 mm lang. In Form und Farbe ähnlich
Mäusekot, aber nicht wie dieser fest,
sondern krümelig und leicht zerbröseln.
Besteht ausschließlich aus zerkleinerten
Insektenüberresten. Oft in großen Mengen unter den Schlafplätzen auf Dachböden oder in Felshöhlen.

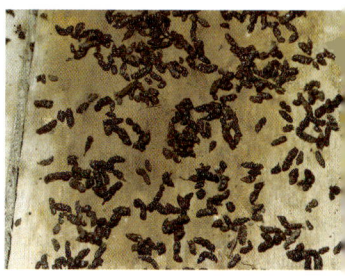

FELDHASE

Nahezu runde, leicht zusammengedrückte Kotpillen mit 1,5–2 cm Durchmesser. An der Oberfläche deutlich Reste von Pflanzenteilen zu erkennen. Im Winter fressen Hasen Rinde, Zweige und Knospen, die Losung ist trocken und gelblich-braun. Im Sommer bei saftigerer Nahrung dunkelbraune, weiche und feuchte Kotpillen. Häufig in der Nähe dere Sasse.

KANINCHEN

Kugelförmige Kotpillen, ähnlich Feldhase, aber mit etwa 8–10 mm Durchmesser deutlich kleiner, außerdem dunkler und mit weniger groben Pflanzenfasern durchsetzt. Kotabgabe häufig in Baunähe oder an den Reviergrenzen an bestimmten Latrinenplätzen, wo sich dann große Mengen ansammeln. Gerne auch erhöht, auf Erdhügeln und dergleichen.

WANDERRATTE

Zylinderförmige, in der Größe sehr unterschiedliche meist aber etwa 12–18 mm lange und 5–6 mm dicke Kotpillen mit stumpfen, abgerundeten Enden. Kotabgabe häufig an bestimmten Latrinenplätzen. Die meist etwas gekrümmte Losung der selteneren Hausratte ist mit etwa 10 mm Länge und 2–3 mm Dicke deutlich kleiner, meist verstreut liegend.

WÜHLMAUS

Kleine, 4–5 mm lange walzenförmige Kotpillen mit meist abgerundeten Enden. Im Sommer bei überwiegend frischer Pflanzenkost oft grünlich, im Winter eher bräunlich. Im Gegensatz zum äußerlich ähnlichem Fledermauskot auf Grund der pflanzlichen Bestandteile hart und kompakt. Unterscheidung der einzelnen Mäusearten kaum möglich.

GANS

Der als Gestüber bezeichnete Kot ist relativ fest, dunkelgrünlich und walzenförmig, 5–8 cm lang und 10–12 mm dick. Besteht aus Pflanzenüberresten. Oft an einem Ende dunkler, am anderen durch Urinüberzug weißlich. Das Gestüber Pflanzen fressender Enten ist etwa 5 cm lang, das vom Höckerschwan bis zu 15 cm.

SCHNEEHUHN

Das Gestüber von Hühnervögeln ist zylindrisch, meist trocken und fest und schwach gekrümmt. An einem Ende oft mit weißlichem Urinüberzug. An der Oberfläche lassen sich Pflanzenüberreste erkennen. Die Kotwürste des Schneehuhns (Foto) sind 1,5–2 cm lang und 5–6 mm dick, die des Birkhuhns 2–4 cm lang und etwa 7 mm dick.

GREIFVOGEL

Der Kot von Greifvögeln, aber auch der von Eulen, Möwen und Reihern ist dickflüssig und wird mit einem Strahl nach hinten weggespritzt. Er wird als Geschmeiß oder als Kleckse bezeichnet und enthält keine festen Nahrungsteile. Man findet ihn an Schlafplätzen, unter dem Nest sowie in der Nähe von Rupfungsplätzen.

SINGVOGEL (AMSEL)

Die Konsistenz von Singvogelkot ist in hohem Maße abhängig vom Futter: Bei trockener Nahrung wie Körner und Insekten werden längliche Würstchen abgegeben, bei weicher Beerennahrung mehr oder weniger flüssige Kleckse. Der Kot ist meist von weißlichem, schleimigem Harn überzogen. Er kann unverdauliche Pflanzenteile wie Samen enthalten.

Sonstige Spuren

In diesem Kapitel werden alle möglichen weiteren Spuren zusammengefasst, die nicht eindeutig einem der vier vorherigen Spurentypen zuzuordnen sind.

Viele Tiere haben charakteristische Orte, an denen sie regelmäßig ihr Fell, Gefieder oder Krallen putzen und pflegen. Dort sind dann auch eine Vielzahl an Spuren zu finden. Wildschweine und Rotwild nehmen regelmäßig ausgiebige Schlammbäder in mit Wasser gefüllten Senken, den so genannten **Suhlen**. Anschließend scheuern sie den Schlamm gemeinsam mit anhaftenden Parasiten und alten Fellresten an Baumstämmen ab, die in der Spurenkunde als **Malbäume** bezeichnet werden.
Insbesondere von Hühnervögeln, Spatzen und Lerchen ist bekannt, dass sie zur Gefiederpflege Sand- oder Staubbäder nehmen. Dabei schlagen sie an einer geeigneten Fläche so kräftig mit ihren Flügeln, dass feinkörniger Staub und Sand zwischen die Federn gewirbelt wird und insbesondere von Parasiten reinigend wirkt. Als Spuren dieses Verhaltens bleiben schüsselförmige Vertiefungen im Boden zurück.
Von Hauskatzen ist bekannt, dass sie an bestimmten Orten ihre Krallen wetzen, in ungünstigen Fällen an Sesseln und Tapeten, gerne aber auch an Baumstämmen. Dieses Verhalten dient dem Säubern und Schärfen der

Fasan beim Sandbad.

Krallen und ist beispielsweise auch bei Dachsen und Bären zu beobachten. Dachse tun dies häufig an Stämmen und am Boden liegenden Ästen in der Nähe ihres Baues und hinterlassen dabei mit den Krallen ihrer Vorderpfoten jeweils 5 lange Kratzspuren. Braunbären stellen sich meist an dickeren Baumstämmen auf, um dort ihre Krallen zu wetzen und verletzen auf Grund ihrer Kraft dabei die Rinde und das Holz des Stammes erheblich (siehe Foto unten).

Ein weiterer Tierspurenkomplex hängt mit dem Geweih von Rehen und Hirschen zusammen. Dieses Geweih wird alljährlich abgeworfen. Mit etwas Glück kann man bei seinem Spaziergang die abgeworfene Geweihstange von Reh, Damwild oder Rotwild entdecken – mitnehmen darf man sie zumindest ohne vorherige Rücksprache allerdings nicht, denn sie unterliegen dem Jagdgesetz und gehören dem Jagdpächter. Kurz nachdem das alte Geweih abgeworfen ist, beginnt ein neues, meist größeres nachzuwachsen. Es ist zunächst von einer durchbluteten Basthaut umgeben. Ist das neue Geweih ausgewachsen, trocknet diese Basthaut aus und löst sich langsam vom Knochen ab. Die Tiere wetzen die Haut daraufhin an Sträuchern und jungen Bäumen ab, man sagt sie **Fegen** ihr Geweih. Die entsprechenden Büsche sind anschließend durch in Fetzen herunterhängende Rinde und abgeknickte Zweige gekennzeichnet.

Als **Häutungen** bezeichnet man die abgestreiften Häute von Reptilien, Krebsen, Spinnen und einigen Insektenarten. Diese Tiere besitzen eine harte Außenhaut, die sich beim Wachstum nicht dehnen kann und deshalb abgestoßen werden muss. Bei Schlangen wird häufig die Haut im Ganzen als so genanntes **Natternhemd** abgestreift und man kann auf Grund der Größe und des Schuppenmusters auf die betreffende Schlangenart schließen. Insekten häuten sich nur während ihrer Entwicklung mehrmals. In der ausgewachsenen Form (Imago) häuten sie sich nicht mehr. An Gewässerufern finden sich meist gut erhaltene Larvenhäute von Libellen. Mit einem speziellen Bestimmungsschlüssel ist es möglich, die verschiedenen Häutungen (Exuvien) in aller Ruhe am Schreibtisch zu bestimmen, ohne die Tiere selbst zu stören.

Kratzspuren eines Braunbären.

Nach der Häutung einer Spinne bleibt nur die Exuvie zurück.

Weinbergschnecke bei der Eiablage.

Laich und **Eier** sind genau genommen keine Spur, sondern ein sich entwickelndes Tier. Dennoch wurden in diesem Spurenbuch einige Beispiele aufgenommen, da man ihnen in der Natur immer wieder begegnet und sie Rückschlüsse auf die Eier legende Art erlauben. Mit Ausnahme der Säugetiere legen fast alle Tiere der Welt Eier, aus denen die Jungtiere entweder direkt oder aber über Entwicklungsstadien wie Larven und Puppen schlüpfen. Außer den Vögeln sind es nur wenige Tiere, die sich nach der Eiablage weiter um ihre Nachkommenschaft kümmern. Sie begnügen sich damit, den Ort der Eiablage sorgfältig auszuwählen, damit die Eier gut geschützt sind und ihre Jungen optimale Lebensbedingungen vorfinden. Viele Schmetterlingsarten heften ihre Eier an die Pflanzen, deren Blätter die frisch geschlüpften Räupchen bevorzugt fressen. Schlupfwespen stechen ihre Eier in ein anderes Insekt oder eine Spinne, die anschließend von der sich entwickelnden Larve gefressen werden. Weinbergschnecken graben mühsam eine etwa 5 cm tiefe Erdhöhle in den Boden, legen dort die Eier in einem feuchten Milieu ab und graben das Loch wieder zu.

Eine bemerkenswerte Strategie haben in diesem Zusammenhang die **Pflanzengallen** erzeugenden Tiere entwickelt: Gallmilben, Gallläuse, Gallmücken und Gallwespen legen ihrer Eier an jeweils bestimmte Pflanzenarten. Dabei haben die Tiere die Fähigkeit entwickelt, die Pflanze zu einer Wachstumsreaktion zu bewegen. Dies führt am Ende zu einer Art Behausung mit Vollpension für die Larve. In den Gallen entwickeln sich ein oder mehrere Larven (s. Foto unten rechts). Es werden jeweils nur ganz spezielle Wirtspflanzen genutzt und die Gallen sind von charakteristischer Form und

Pflanzengalle mit Ei.

Farbe. Es ist daher meist erheblich einfacher, die Gallen erzeugenden Tiere anhand ihrer Gallen zu bestimmen, statt direkt das nur wenige Millimeter große Tier.

Galle der Buchengallmücke.

Querschnitt durch Galle mit Larve.

Wildschwein Suhle

> **Merkmale Spur** Dort wo Wildschweine leben, finden sich stets auch zerwühlte und stark zertretene Schlammpfützen, die so genannten Suhlen. Diese Plätze werden insbesondere im Sommer von den Wildschweinen regelmäßig aufgesucht, um darin ausgiebige Schlammbäder zu nehmen. Die Feuchtigkeit kühlt, während der Schlamm vermutlich Hautparasiten bekämpft und vor stechenden Insekten schützt. Im schlammigen Außenbereich der Pfützen sind meist deutliche Trittsiegel (s. S. 48) erkennbar.

> **Merkmale Tier** *Sus scrofa* s. S. 75.
> **Vorkommen der Spur** Meist im Wald an sumpfigen Stellen oder im Uferbereich von Gewässern, mitunter auch in schilfbewachsenen Verlandungszonen von Seen, in Mooren sowie in feuchte Senken auf Feldern.
> **Ähnliche Spuren** Auch Rotwild nimmt Schlammbäder in Suhlen. Wichtige Unterscheidungsmöglichkeiten sind Trittsiegel sowie die genauere Inspektion der meist in der Nähe der Suhle vorhandenen Scheuerbäume (Malbäume s. S. 109). Darüber hinaus finden sich vom Rot- oder Damhirsch verursachte so genannte **Brunftgruben**. Während der Brunftzeit wühlen und schlagen die Hirsche mit den Vorderläufen und ihrem Geweih in den Boden und schmeißen Erde und Vegetation bei Seite, so dass auch hier schlammige und durch Abgabe von Urin und Samen stinkende Pfützen entstehen, in denen sich die Tiere wälzen.
> **Weitere Spuren** des Wildschweines s. S. 48, 75, 99 und 100.

Wildschwein Malbaum

> Merkmale Spur In Wildschweinrevieren finden sich regelmäßig Bäume, die in einer Höhe von 0,5–1 m deutliche Scheuerstellen aufweisen. Diese Scheuerbäume werden als Malbäume bezeichnet. Nach dem Schlammbad in einer Suhle (s.S.108) scheuern sich die Wildschweine ausgiebig immer wieder an diesen aufgesuchten Bäumen. Die Rinde ist an der entsprechenden Stelle abrieben und der Stamm mit Schlamm verkrustet. Insbesondere bei Nadelbäumen kommt es in Folge der Verletzungen zu Harzfluss, an dem dann Wildschweinborsten kleben. Es riecht meist intensiv nach Wildschwein. Im Laufe der Zeit kann die Rinde rings um den Stamm abgescheuert sein, was den Baum zum Absterben und schließlich zum Umbrechen bringt. Das Scheuern dient der Haut- und Fellpflege, darüber hinaus hat der Malbaum aber auch eine wichtige Bedeutung als Markierungspunkt im Revier.

> Merkmale Tier *Sus scrofa* s. S. 75.

> Vorkommen der Spur An Bäumen in Wäldern und Feldgehölzen, häufig in der Nähe der schlammigen Suhlen.

> Ähnliche Spuren Ähnlich wie Wildschweine nutzt auch Rotwild ganz bestimmte Malbäume, die regelmäßig aufgesucht werden. Bevorzugt werden Baumarten mit rauer Rinde, an denen sich Haare und Schlamm besser abreiben lassen. Hier finden sich die Abrieb- und Schlammspuren entsprechend der Körpergröße in eine Höhe von etwa 1–1,5 m.

> Weitere Spuren des Wildschweins s. S. 48, 75, 99 und 100.

Rothirsch Fegemarke

> Merkmale Spur Bei elastischen Bäumen und Büschen, die heftige Rindenverletzungen mit herabhängenden Rindenfetzen sowie gebrochene oder abgerissene Zweige aufweisen, handelt es sich meist um Fegemarken. Dies sind Plätze, an denen Hirsche ihr Geweih gescheuert haben. Hirsche wechseln es einmal jährlich (s. S. 111). Das neu heranwachsende Geweih ist zunächst von einer durchbluteten Basthaut umgeben, die nach Beendigung des Geweihwachstums im Hoch- oder Spätsommer abstirbt. Sie wird von den Hirschen an den Fegestellen abgescheuert. Die abgeriebene Haut wird aber häufig gefressen, so dass man in der Regel keine Überreste mehr davon findet.

> Merkmale Tier *Cervus elaphus* s. S. 46.

> Vorkommen der Spur An Bäumen und Büschen in Wäldern und an Waldrändern, teilweise auch an einzeln stehenden Gebüschen auf Wiesen-, Moor- und Heideflächen.

> Ähnliche Spuren Auch die Männchen der anderen Geweih tragenden Arten wie Reh und Damwild scheuern ihre Basthaut ab und hinterlassen Fegemarken. Der Rehbock tut dies allerdings im Frühjahr, die zurückbleibenden Spuren sind aufgrund der geringeren Kraft aber meist weniger heftig. Während der Brunftzeit lassen Rothirsche überschüssige Aggression oft auch an kleineren Bäumen aus. Dieses Verhalten wird als „Schlagen" bezeichnet und hinterlässt ähnliche Spuren.

> Weitere Spuren des Rothirsches s. S. 46, 65 und 98.

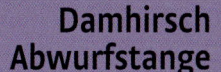

> **Merkmale Spur** Einmal jährlich werfen Damhirsche (April/Mai), Rothirsche (Februar bis April) und Rehböcke (Oktober bis Dezember) ihr Geweih ab. Ein Geweih besteht aus jeweils zwei verzweigten Knochenausbildungen, die als Stangen bezeichnet werden. Meist finden sich die abgeworfenen Stangen einzeln.

> **Merkmale Tier** *Dama dama* Mittelgroßer Hirsch, in der Körpergröße zwischen Reh und Rothirsch. Im Sommer rotbraun mit weißen Punkten, im Winter dunkler und schwächer gepunktet. Auffälliger Kontrast zwischen weißer Analregion („Spiegel") und dem oberseits dunklen, unterseits hellen Schwanz. Männchen tragen ein charakteristisches Schaufelgeweih, Weibchen nicht.

> **Vorkommen der Spur** In Wäldern, oftmals in unmittelbarer Nähe eines Baumstumpfes oder niedrig hängender Äste, an denen das locker hängende Geweih endgültig abgestoßen werden konnte.

> **Ähnliche Spuren** Die Geweihe der bei uns vorkommenden Hirsche und Rehe unterscheiden sich eindeutig. Die Größe und die Anzahl an Enden des Geweihes geben Auskunft über das Alter des entsprechenden Tieres. Im Gegensatz zu den oben erwähnten Geweihträgern werfen die so genannten Hornträger wie die wildlebenden Mufflons und Steinböcke beziehungsweise unsere Kühe, Schafe und Ziegen ihre Hörner nicht ab.

> **Weitere Spuren** des Damhirsches s. S. 98.

Ringelnatter Häutung

> **Merkmale Spur** Pergamentartige, durchsichtige Schlangenhaut, die an der Bauchseite meist an mehreren Stellen zerrissen ist. Hierbei handelt es sich um ein so genanntes „Natternhemd". Schlangen wachsen während ihres gesamten Lebens. Da die verhornte Oberhaut nicht mitwächst, müssen die Tiere sie von Zeit zu Zeit abstreifen. Dabei platzt die Haut an der Schnauze auf. Dann kriecht die Schlange von vorne bis zur Schwanzspitze heraus, wobei sich die Haut komplett von innen nach außen umstülpt.

> **Merkmale Tier** *Natrix natrix* Meist bis zu 1 m (max. bis 1,5 m) lange, graugrüne Schlange mit zwei hellgelben halbmondförmigen Flecken am Hinterkopf.

> **Vorkommen der Spur** Ringelnattern leben meist in der Nähe von Gewässern, ihre Häute finden sich daher im Uferbereich von Teichen, Seen und Flüssen sowie in Auwäldern und auf Feuchtwiesen.

> **Ähnliche Spuren** Alle Reptilien müssen sich regelmäßig häuten. Bei Eidechsen geht die alte Haut fetzenweise verloren, während sie bei allen Schlangenarten wie oben beschrieben in einem Stück abgestreift wird. Der Zeitpunkt der Häutung kündigt sich bereits Tage zuvor durch eine milchige Trübung der sonst klaren Augen an. Da an der zurückbleibenden Haut Größe, Anzahl und Form der einzelnen Schuppen genau zu erkennen ist, lässt sich die betreffende Schlangenart mit einem guten Reptilienführer sicher bestimmen.

Libelle Exuvie

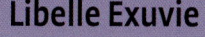

> Merkmale Spur Das Leben der Libellen ist zweigeteilt: Als Larven leben sie im Wasser, als Erwachsene an Land und in der Luft. Beim Übergang von der einen in die andere Lebensweise kriecht die Larve an Land und verankert sich mit ihren Krallen an der Unterlage. Dann reißt die Rückenhaut auf und nach mehreren Stunden kriecht die fertige Libelle aus der Larvenhaut. Die leere Haut (Exuvie) bleibt zurück.

> Merkmale Tier *Odonata* Mitunter auffallend bunte Insekten mit sehr langem, schlankem Hinterleib, 4 reich geäderten Flügeln und großen Augen. Man unterscheidet zwei Gruppen: **Großlibellen** mit breiteren Flügeln, die im Sitzen seitlich ausgestreckt werden, die Augen berühren sich meist in der Kopfmitte, und **Kleinlibellen**, die ihre Flügel im Ruhen über dem Körper zusammen klappen und deren Augen weit voneinander entfernt an den Körperseiten sitzen.

> Vorkommen der Spur Frühjahr bis Herbst am Ufer von Gewässern, einige

Libellen schlüpfen am Erdboden, andere klettern an Pflanzenstängeln und anderen Gegenständen empor.

> Ähnliche Spuren Exuvien lassen sich hervorragend sammeln und aufbewahren. An ihnen lassen sich alle Merkmale der jeweiligen Larve bis ins kleinste Detail erkennen und mit einem Libellenlarven-Bestimmungsschlüssel sicher der entsprechenden Libellenart zuordnen.

Diese Arbeitsweise ist eine verbreitete Methode zur Libellenkartierung an einem Gewässer.

Sonstige Spuren **113**

Gelbe Fichtengalllaus

> **Merkmale Spur** Etwa pflaumengroße, ananasförmige Gebilde ("Ananasgallen") an den Trieben von Fichten. Grün mit hellen Verwachsungsrändern zwischen den einzelnen Gallschuppen. Im Frühjahr legen die Blattläuse ihre Eier an die frischen Fichtentriebe. Die daraus schlüpfenden Larven saugen an den Nadeln und induzieren damit das abnorme Wachstum des Pflanzengewebes zur Galle. Im Inneren der gekammerten Galle entwickeln sich die Larven. Im Spätsommer und Herbst werden die Ananasgallen braun und

hart, öffnen sich und entlassen die fertig entwickelten Blattläuse. Die Läuse sind geflügelt und fliegen an Lärchen, an deren Rinde sie in einem wachsigen Sekret überwintern. Im kommenden Frühjahr saugen sie dann zunächst an den frischen Lärchennadeln, um schließlich auf Fichtenbäume überzuwechseln, wo der neue Zyklus beginnt.
> **Merkmale Tier** *Sacchiphantes abietis* Winzige Blattlaus mit schwarzem Vorder- und braunem Hinterkörper. Flügel mit nur 3 Queradern.
> **Vorkommen der Spur** An Fichten in Wäldern, Parks und Gärten.
> **Ähnliche Spuren** Die **Rote Fichtengalllaus** (*Adelges laricis*) verursacht ebenfalls Ananasförmige Gallen an Fichten. Ihre Gallen bleiben aber kleiner und sind auch an den Verwachsungsrändern der Gallschuppen grün. Außerdem sitzen sie stets an den äußersten Triebspitzen, während die Gallen der Gelben Fichtengalllaus von einem Fichtentrieb durchwachsen sind.

Eichengallwespe

> **Merkmale Spur** Etwa 1,5–2 cm großes, kugelrundes Gebilde an der Unterseite von Eichenblättern. Anfangs grünlich, später zusätzlich rötlich und bräunlich gefärbt. Die Weibchen der Eichengallwespe stechen ihre Eier in die Blattnerven, wobei die Pflanze angeregt wird, durch starkes Wachstum an dieser Stelle eine Galle auszubilden (den so genannten Gallapfel). Im Innern einer jeden Galle entwickelt sich in einer kleinen Kammer die Larve. Mit dem Laubfall im Herbst gelangen die Gallen auf den Boden und überwintern dort, im zeitigen Frühjahr schlüpfen daraus Gallwespen der 1. Generation, die ihre Eier in Eichenknospen stechen. Hier entstehen kleinere Gallen, aus denen dann im Sommer die 2. Generation Gallwespen schlüpft.

> **Merkmale Tier** *Cynips quercusfolii* Wenige Millimeter großes, schwarzes unscheinbares Insekt aus der Gruppe der Wespen. Seitlich abgeflachter Hinterleib, buckeliger Rücken und relativ lange Flügel.

> **Vorkommen der Spur** Juni bis Winter in Wäldern, Parks und Gärten auf der Unterseite von Eichenblättern.

> **Ähnliche Spuren** Die Gallwespe (*Cynips longiventris*) erzeugt ebenfalls Gallen an der Unterseite von Eichenblättern. Ihre gelblichen Gallen bleiben aber etwas kleiner und sind auffällig rot gestreift. Die **Schwammgallwespe** (*Biorhiza pallida*) erzeugt im Sommer 2–3 cm große Gallen an den Zweigspitzen von Eichen. Sie werden aufgrund ihres Aussehens auch als Schwammapfel oder Kartoffelgalle bezeichnet.

Rosengallwespe

> **Merkmale Spur** Zottig behaart und verzweigtes, bis zu 5 cm großes Knäuel an den Trieben und auf den Blättern von Wildrosen. Anfangs grünlich, später rot, ab Spätherbst verholzend und bräunlich (der so genannte Schlafapfel). Die Gallwespen legen im Frühjahr ihre Eier ins Pflanzengewebe von Rosentrieben, wodurch die Pflanze angeregt wird, die Galle zu produzieren. Im Inneren der Galle liegen mehrere Kammern, in denen sich jeweils eine Larve entwickelt und den Winter verbringt. Im Frühjahr nagen sich die

fertig entwickelten Gallwespen ins Freie und der Kreislauf beginnt von neuem. Der Name „Schlafapfel" rührt daher, dass sich nach altem Volksglauben unter das Kissen gelegte Rosengallen schlaffördernd auswirken.
> **Merkmale Tier** *Diplolepis rosae* Winzige, 3–4 mm lange Gallwespe, Kopf und Vorderkörper schwarz, Hinterkörper rötlich-braun.
> **Vorkommen der Spur** Frisch ab Mai auf verschiedenen Wildrosen-Arten auf Wiesen, an Wald- und Wegrändern sowie in Parks und Gärten, alte Gallen können noch monate- oder gar jahrelang an den Zweigen bleiben.
> **Ähnliche Spuren** Die bizarren Rosen- oder Schlafäpfel sind unverwechselbar. An der Unterseite von Rosenblättern erzeugt die Gallwespe *Diplolepis rosarum* 4–6 mm im Durchmesser große, kugelige, anfangs grünliche dann rötliche Gallen mit einigen spitzen, dornartigen Fortsätzen. Die Gallen von *D. mayri* sitzen an Rosentrieben, sind etwa 1 cm groß und besitzen weiche Dornen.

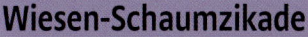

Wiesen-Schaumzikade

> **Merkmale Spur** 1–2 cm großes weißliches Schaumgebilde, das im Aussehen an Spucke erinnert. Im Innern des Schaums lebt eine einzelne Larve der Wiesen-Schaumzikade und saugt an der betroffenen Pflanze. Die Larve verarbeitet überschüssig aufgesaugte Pflanzensäfte und körpereigene Stoffe durch das Einpumpen von Luftbläschen zu Schaum. Der Schaum dient der kleinen Larve als Schutz vor Fressfeinden und Austrocknung. Da man lange nicht erklären konnte, woher die absonderlichen Gebilde stammen, haben sich Namen wie „Hexenspucke" und „Kuckucksspeichel" eingebürgert.

> **Merkmale Tier** *Philaenus spumarius* Ausgewachsene Zikade 5–7 mm lang, mit breit ovalem Körperumriss, bräunliche Grundfärbung, mitunter variable Fleckenmuster auf den Flügeln. Die Spuren verursachende Larve flügellos, gelblich-braun.

> **Vorkommen der Spur** Von Mai bis August auf unterschiedlichen Pflanzenarten, meist in niedriger Höhe auf Wiesen, vor allem auf Feuchtwiesen.

> **Ähnliche Spuren** Es gibt bei uns etwa 20 weitere Schaumzikadenarten, deren Larven ebenfalls in selbst erzeugten Schaumnestern leben. Relativ häufig ist die **Erlen-Schaumzikade** (*Aphrophora alni*), deren Larven oft zu mehreren in einem Schaumbällchen an Zweigen von Weiden, Erlen und Pappeln zu finden sind. Die Larven der auffällig schwarz-rot gezeichneten **Blutzikade** (*Cercopis vulnerata*) saugen in Schaum gehüllt an Wurzeln.

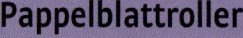
Pappelblattroller

> **Merkmale Spur** In Längsrichtung eng zusammengerollte Pappelblätter. Das Weibchen eines Blattrollkäfers nagt dafür zunächst den Blattstiel an und zieht dann das Blatt mit den Beinen zusammen, wobei meist die Blattoberseite nach außen zu liegen kommt. Während der Arbeit legt es ein Ei zwischen die Wickellagen und verklebt diese mit einem rasch erhärtenden Sekret. Mitunter hilft das Männchen beim Aufrollen des Blattes mit. Die schlüpfenden Larven ernähren sich vom Pflanzengewebe des Blattes.

> **Merkmale Tier** *Byctiscus populi* 4–6 mm langer Rüsselkäfer mit metallisch glänzend grüner, goldener, bronzener oder kupferfarbener Oberseite, Bauchseite dunkelblau. Beine und Fühler bläulich-schwarz. Kopf rüsselartig verlängert.

> **Vorkommen der Spur** An Zitterpappeln, aber auch an anderen Pappelarten, sowie Birken und Weiden.

> **Ähnliche Spuren** Der häufige, glänzend schwarze **Birkenblattroller** (*Deporaus betulae*) formt an Birken trichterähnliche Blatttüten. Der rötliche **Eichenblattroller** (*Attelabus nitens*) ist auf Eichen spezialisiert und rollt das vordere Drittel der Blätter zu kompakten Wickeln. Im Weinanbau als Schädling gefürchtet ist der **Rebenstecher** (*Byctiscus betulae*). Er rollt Blätter von Buchen, Pappel, Birke, Hasel, Weide und eben auch Wein zigarrenförmig ein. In den Rollen entwickeln sich die Larven und ernähren sich von den verwelkenden Blättern. Es gibt noch einige weitere Blatt rollende Rüsselkäfer.

> **Merkmale Spur** Maulwurfsgrillen leben unterirdisch in etwa fingerdicken, selbst gegrabenen Gängen. Die Gänge durchziehen den Boden kreuz und quer in unterschiedlichen Tiefen. Dort, wo sie oberflächennah verlaufen, kann man sie gut an der hochgewölbten Erde erkennen.

> **Merkmale Tier** *Gryllotalpa gryllotalpa* 4–5 cm lange, bräunliche, dicht samtartig behaarte Grille. Vorderbeine zu kräftigen Grabschaufeln umgebildet. Kurze Vorderflügel, lange, aufgerollte Hinterflügel. Maulwurfsgrillen ernähren sich von Insektenlarven, Regenwürmern und Wurzeln. Ihre Eier legen die Weibchen in eine selbst gegrabene, 5–10 cm tief im Erdreich liegende Höhle und betreiben hier eine intensive Brutpflege, indem sie die Eier regelmäßig ablecken und so vor Austrocknung und Verpilzung schützen.

> **Vorkommen der Spur** Hauptsächlich auf Wiesen in wärmeren Gebieten mit feuchten, lockeren Böden, manchmal auch in Gärten.

Maulwurfsgrille Grabspur

> **Ähnliche Spuren** Knapp unter der Erdoberfläche grabende Wühlmäuse oder Maulwürfe hinterlassen mitunter ähnliche Spuren, die allerdings auf Grund ihrer Körpergröße deutlich größer und auffälliger sind. Ebenfalls in die Verwandtschaft der Heuschrecken gehört die Feldgrille. Die Art kommt auf Trockenwiesen, in Heidegebieten und an Waldrändern vor. Sie lebt in selbst gegrabenen, etwa 20 cm tiefen Erdröhren, legt ihre Eier in Erdhöhlen und überwintert auch unter der Erde.

Regenwurm Erdhaufen

> Merkmale Spur Kleine, etwa 1–2 cm hohe Haufen aus Erdwürstchen an der Bodenoberfläche. Es handelt sich hier um die Spuren von Regenwürmern, die sich durch den Boden fressen. Dabei verdauen sie organische Substanzen aus der Erde und scheiden die Reste an den Öffnungen der entstandenen Gänge aus. Die Gänge durchziehen das Erdreich kreuz und quer und können bis zu 1,5 m tief sein. Regenwürmer sorgen durch ihre Wühltätigkeit für eine gute Belüftung des Bodens. Sie erzeugen wertvollen Humus und tragen so entscheidend zur Fruchtbarkeit des Bodens bei.

> Merkmale Tier *Lumbricus terrestris* 10–30 cm langer, rötlich-braun bis gräulich gefärbter, in Segmenten geringelter Wurm. Vom 32. bis zum 37. Segment ein deutlich abgesetzter, glatter, orangefarbener „Gürtel". Hinterende leicht abgeplattet.

> Vorkommen der Spur Regenwürmer leben in Wäldern, auf Wiesen, Äckern und in Gärten, ihre Spuren lassen sich am besten auf vegetationsarmen Bereichen entdecken.

> Ähnliche Spuren Es gibt noch weitere Regenwurmarten, die sich in Aussehen, Lebensweise und hinterlassenen Spuren sehr ähnlich sind. Im Watt von Nord- und Ostsee lebt der eng mit den Regenwürmern verwandte **Wattwurm** (*Arenicola marina*). Auch er lebt unterirdisch von den im Boden vorhandenen Nährstoffen, indem er das gesamte Substrat frisst und nicht verwertbare Stoffe als „Sandwürstchen" an der Oberfläche ausscheidet.

Wegschnecke Laich

> **Merkmale Spur** Wegschnecken legen ihre Eier in kleine Erdlöcher sowie unter Steine, Holz, Laub und Moospolster, wo sie vor Austrocknung geschützt sind. In einem Eigelege befinden sich je nach Alter und Ernährungszustand des Alttieres zwischen 30 und 200 kugelförmige, von einer weißen Kalkschale umgebene Eier mit einem Durchmesser von 5–8 mm. Je nach Temperatur beträgt die Entwicklungsdauer 3 bis 6 Wochen.

> **Merkmale Tier** *Arion ater* 10–15 cm lange Nacktschnecke, die völlig schwarz oder rot, aber auch bräunlich oder orange gefärbt sein kann. Auf der Oberfläche große, längliche Runzeln. Auf der rechten Seite des Vorderkörpers mit auffälliger Atemöffnung. Zieht sich bei Störung halbkugelig zusammen.

> **Vorkommen der Spur** Die Wegschnecke ist sehr häufig und in den unterschiedlichsten Lebensräumen weit verbreitet, auch in Gärten.

> **Ähnliche Spuren** Eine Reihe weiterer Schneckenarten hat ähnliche Eier, die anderer Arten sind durchsichtig und weich ohne eine äußere Kalkschicht. **Weinbergschnecken** (*Helix pomatia*) graben eine kleine Erdhöhle, in die sie ihre etwa 60 weißen Eier ablegen (s. S. 106). Im Frühling und Sommer legen auch Eidechsen ihre weißlichen, weichen, pergamentartig umhüllten Eier ab. Die Eiablageplätze dürfen nicht so feucht sein, dass die Eier verschimmeln könnten, aber auch nicht zu trocken. Sie finden sich etwa unter Steinen, unter Moospolstern oder auch in Erdhöhlen.

Spitz-Schlamm-schnecke Laich

> **Merkmale Spur** Schlammschne-cken legen ihre Eier in relativ festen, gelatineartigen, bandförmigen, ober-seits leicht gewölbten Laichklumpen ab, die an Wasserpflanzen, Wurzeln, Steinen und ähnliches Substrat geklebt werden. Besonders häufig an die Unterseite von auf dem Wasser schwimmenden See- und Teichrosen-blättern. Ein solches Laichband kann bis zu 6 cm lang und etwa 8 mm breit sein und bis zu 200 Eier enthalten. Nach etwa 2–3 Wochen schlüpfen aus den Eiern die winzigen Jungschnecken.

> **Merkmale Tier** *Lymnaea stagnalis* Hornfarbenes, dünnschaliges, bis zu 6 cm hohes Gehäuse mit ausgeprägter, langer Spitze (Name!). Die letzte Ge-häusewindung wirkt wie aufgebläht und ist an der Mündung stark erwei-tert. Schneckenkörper gelblich bis bräunlich gefärbt, breite, dreieckig geformte Fühler, an deren Basis die Augen liegen.
> **Vorkommen der Spur** In Teichen, Tümpeln, Seen und langsam fließen-den Gewässern.
> **Ähnliche Spuren** Es gibt weitere Schlammschnecken-Arten aus der Gattung *Lymnaea*, deren Eigelege ähn-lich aussehen. Die Laichballen der im Wasser lebenden **Posthornschnecke** (*Planorbarius corneus*) sind allerdings flach und scheibenförmig, im Durch-messer etwa 2–3 cm und enthalten 60–70, leicht rötlich schimmernde Eier. Die häufigen **Tellerschnecken** (*Pla-norbis planorbis*) geben ihre 20–30 Eier hingegen in 6-8 mm großen, tellerför-migen Gelegen ab.

Flussbarsch Laich

> **Merkmale Spur** Die Fortpflanzungszeit der laichreifen Flussbarsche erstreckt sich von März bis Juni. Die Weibchen legen bis zu 1 m lange und etwa 2–3 cm breite netzartige, gallertige Laichschnüre ab, die kreuz und quer an Wasserpflanzen, versunkenem Astwerk, Wurzeln, Steinen und anderen Substraten anhaften. In ein derartiges Laichband sind bis zu 200.000 Eier eingebettet. Die Eier sind zunächst 1,5–2 mm im Durchmesser, quellen aber nach einiger Zeit auf eine Größe von etwa 3–4 mm auf. Die Eier werden nach der Ablage vom Männchen befruchtet und schließlich zur weiteren Entwicklung sich selbst überlassen. Nach 2–3 Wochen schlüpfen die 5–6 mm kleinen Fischlarven und suchen Schutz unter Steinen und Wasserpflanzen.

> **Merkmale Tier** *Perca fluviatilis* Bis etwa 40 cm lang, gräulich-grünliche Grundfärbung mit 5–9 dunklen Querbinden. Zweigeteilte Rückenflosse. Bauch-, After- und Schwanzflosse sind rötlich gefärbt.

> **Vorkommen der Spur** Im Uferbereich von Teichen und Seen sowie in strömungsberuhigten Abschnitten von Bächen und Flüssen.

> **Ähnliche Spuren** Die netzartigen Gallertschnüre sind unverwechselbar. Fischeier werden auch als Rogen bezeichnet und die weiblichen Fische als Rogner. Die Männchen nennt man Milchner. Sie geben den Samen, die so genannte Milch, über den Eiern ab. Die Weibchen legen die Eier ins freie Wasser oder heften sie an Steine oder Pflanzen.

Erdkröte Laich

> **Merkmale Spur** Erdkröten-Weibchen geben zur Fortpflanzungszeit im Februar, März und April eine etwa 3–5 m lange, gallertige Laichschnur ab, die um Wasserpflanzen oder Äste gewickelt wird, teilweise aber auch direkt am Gewässergrund liegt. Die Laichschnur ist 5–8 mm dick, in ihr befinden sich meist in einer Doppelreihe angeordnet etwa 3000 bis 8000 schwarze, 1,5–2 mm große Eier. Aus den Eiern schlüpfen nach einer Entwicklungszeit von 2–3 Wochen kleine, ebenfalls schwarze Kaulquappen.

> **Merkmale Tier** *Bufo bufo* 8–13 cm lange, bräunlich, oliv oder gräulich gefärbte Kröte mit trockener, deutlich warziger Haut. Iris kupferfarben mit waagerecht gestellter Pupille. Große, halbmondförmige Drüsen beiderseits über dem Ohrbereich.

> **Vorkommen der Spur** Als Laichgewässer dienen Teiche, Weiher, Uferbereiche von Seen und langsam fließende Altarme in Auwäldern.

> **Ähnliche Spuren** Die ähnlichen Laichschnüre der **Wechselkröten** (*Bufo viridis*) werden erst Ende April bis Juni abgelegt und enthalten 1–1,5 mm große, bräunlich-schwarze Eier. **Kreuzkröten** (*Bufo calamita*) legen von April bis August 1–2 m lange Laichschnüre im seichten Wasser, meist direkt auf den Gewässergrund ab. Die Weibchen der **Unken** (*Bombina spec.*) wiederum legen etwa 10 kleinere Laichklumpen aus jeweils etwa 20–30 Eiern ab und heften diese an Wasserpflanzen, ins Wasser ragende Pflanzen und dergleichen.

Grasfrosch Laich

> **Merkmale Spur** Während der Fortpflanzungszeit von Februar bis April geben Grasfrosch-Weibchen einen, selten auch zwei Laichklumpen ab, die im Wasser auf etwa Faustgröße gallertig aufquellen. Diese Klumpen bestehen aus 1000 bis 4000 etwa 1 cm großen durchsichtigen Gallertkugeln, in denen sich wiederum ein etwa 2 mm großes, überwiegend schwarzes Ei mit einem deutlichen weißlichen Fleck an der Unterseite befindet. Meist legen mehrere Pärchen gemeinsam ihren Laich am Gewässergrund an einer Stelle im seichten Wasser ab. Die Laichballen steigen nach kurzer Zeit auf und können dann große Bereiche der Wasseroberfläche einnehmen. In den schützenden Gallerthüllen entwickeln sich die Embryonen, nach etwa 2–3 Wochen schlüpfen die Kaulquappen und entwickeln sich im Laufe von 2–3 Monaten zu kleinen Fröschen.

> **Merkmale Tier** *Rana temporaria* 7–10 cm großer, in unterschiedlichen Brauntönen gefärbter Frosch mit kurzer, stumpfer Schnauze. Oberseits mit dunklem Fleckenmuster, unterseits hell. Lebt außerhalb der Paarungszeit an Land.

> **Vorkommen der Spur** Laichgewässer sind Tümpel, Teiche, Weiher, Verlandungszonen von Seen und Gräben.

> **Ähnliche Spuren** Die Eier des selteneren **Moorfrosches** (*Rana arvalis*) werden in ähnlichen Laichklumpen abgegeben, sind aber eher bräunlich gefärbt und die Hellfärbung an der Unterseite der Eier ist aber nur unscharf abgesetzt.

Vogeleier

Die Beschäftigung mit Vogeleiern ist ein faszinierendes Betätigungsfeld, sind doch Farbe, Form und Größe der Eier sowie die Gelegegröße von Art zu Art sehr verschieden. Und auch innerhalb einer Art kann man bei genauer Betrachtung feststellen, dass kein Ei dem anderen wirklich gleicht. Höhlenbrüter wie Kleiber und Buntspecht beispielsweise haben oft reinweiße Eier, bei ihnen ist keine Tarnung notwendig. Bodenbrüter, die ihre Eier oft nur in eine Nestmulde ohne weiteres Nistmaterial legen, haben dagegen hervorragend getarnte Eier. Zwischen diesen Extremen gibt es alle farblichen Übergänge.

Aber: Viele Vogelarten sind während der Brutzeit sehr störungsempfindlich und könnten ihre Brut aufgeben. Bitte suchen Sie deshalb Nester nicht gezielt auf. Trifft man doch mal auf ein Vogelnest, sollte man sich rasch zurückziehen und in der Nestumgebung nichts verändern. Auf keinen Fall darf man Eier oder Küken berühren, der anhaftende Geruch könnte Fressfeinde wie Marder und Katzen direkt zum Nest locken. Das in früheren Jahren regelmäßig praktizierte Sammeln von Eiern ist im Übrigen zum Schutz unserer heimischen Vögel verboten!

Der aufmerksame Spurensucher wird auch ohne die Störung von Brutvögeln Gelegenheit finden, die Vogeleier zu untersuchen: Da viele Vogelarten die Eischalen der geschlüpften Küken aus dem Nest tragen und sie dann einfach irgendwo fallen lassen. Aber auch tierische Eierdiebe wie Krähen (s. S. 80) oder Marder hinterlassen zerbrochene Schalen. Im Herbst und Winter kann man mitunter auch nicht ausgebrütete Eier in Nestern und Nistkästen entdecken.

Auf den folgenden Seiten werden 57 Eier von Vogelarten aus unterschiedlichen Familien gezeigt.

Buchfink

Haussperling

Hänfling

Stieglitz

Grünfink

Goldammer

Feldlerche

Waldbaumläufer

Gartenbaumläufer

Kleiber

Kohlmeise

Blaumeise

Sumpfmeise

Schwanzmeise

Wintergoldhähnchen   Zilpzalp   Fitis   Bachstelze

Grauschnäpper   Neuntöter   Teichrohrsänger

Sumpfrohrsänger   Mönchsgrasmücke   Klappergrasmücke

Nachtigall   Rotkehlchen   Wasseramsel

Gartenrotschwanz

Hausrotschwanz

Mauersegler

Rauchschwalbe

Mehlschwalbe

Heckenbraunelle

Zaunkönig

Singdrossel

Amsel

Pirol

Eichelhäher

Elster

Dohle

Star

Vogeleier **129**

Kiebitz

Bekassine

Rabenkrähe

Flussregenpfeifer

Flussuferläufer

Flussseeschwalbe

Sperber

Turmfalke

Mäusebussard

Teichhuhn

Rebhuhn

Blässhuhn

Fasan

Lachmöwe

Silbermöwe

Austernfischer

Glossar

Im Text verwendete wissenschaftliche und waidmännische Fachausdrücke:

Afterklauen Hinten am Fuß sitzende, reduzierte 2. und 5. Zehe bei Huftieren

Ballen Elastische Trittpolster auf der Unterseite der Pfoten

Bast a) Samtige, durchblutete Haut über dem wachsenden Geweih von Rehen und Hirschen b) Innen gelegener Teil der Baumrinde

Exuvie Leere Hülle bzw. abgestreifte Haut bei Krebsen, Spinnen und Insekten

Fährte Bezeichnung für die hintereinander folgenden Fußabdrücke im Boden oder Schnee

Fahne Der flächige Teil einer Vogelfeder

Fegen Abstreifen der Basthaut des neu gewachsenen Geweihes durch Rehe und Hirsche an Büschen

Galopp Schnellste Gangart, die Hinterfüße werden deutlich vor die Vorderfüße gesetzt.

Galle Hier durch Insekten oder Milben hervorgerufene Pflanzenwucherung

Geäfter s. Afterklauen

Gelege Die in einem Nest liegenden Eier eines Vogels

Geschmeiß Dünnflüssiger Vogelkot

Gestüber Fest, meist walzenförmiger Vogelkot

Gewölle Von Vögeln ausgespieener Ballen aus unverdaulichen Nahrungsresten

Horst Nest von großen Vögeln wie Greifen und Reihern

Imago Erwachsenes, geschlechtsreifes Insekt

Kiel Stabile Mittelachse einer Vogelfeder

Kleckse Dünnflüssiger Vogelkot

Kobel Nest des Eichhörnchens

Laich Die ins Wasser abgelegten, von einer gallertartigen Hülle umgebenen Eier von Amphibien, Fischen, Insekten, Muscheln, Schnecken u.a.

Larve Jugendstadium von Wirbellosen und Amphibien, das in seiner Gestalt wesentlich von den geschlechtsreifen Erwachsenen abweicht

Latrine Regelmäßig zum Koten aufgesuchter Platz

Losung Kot

Paarhufer Säugetiere, bei denen der 3. und 4. Zeh besonders stark entwickelt ist und als Auftritt genutzt wird (z.B. Rehe, Schweine, Schafe, Kühe)

Puppe hier Entwicklungsstadium bei Insekten: Ruhezustand, in dem das

Tier, in einer festen Haut liegend, die Umwandlung von der Larve zum Imago vollzieht

Malbaum Baum, an dem sich Wildschweine oder Rothirsche Schlamm scheuern

Miene Hier Fraßgang einer Insektenlarve im Blattgewebe

Natternhemd Abgestreifte Schlangenhaut

Sasse Grube, die Feldhasen als Ruheplatz dient

Schälen Abfressen von Baumrinde

Schalen Hornschuhe, die bei Rehen, Schweinen und Hirschen als Auftrittsfläche an den Zehen sitzen

Schnüren Gangart des Fuchses, bei der Trittsiegel der rechten und linken Seite auf einer Linie liegen

Schritt Langsamste Gangart, die Hinterfüße werden mehr oder weniger genau in die Abdrücke der Vorderfüße gesetzt.

Sohlengänger Säugetiere, die mit der gesamten Fußsohle auftreten

Spurgruppe Anordnung der Trittsiegel aller 4 Füße zueinander

Suhle Schlammiges Wasserloch, in dem Wildschweine und Rothirsche zur Körperpflege baden

Trab Mittelschnelle Gangart, auch hier setzen die Tiere die Hinterfüße mehr oder weniger genau in die Abdrücke der Vorderfüße.

Trittsiegel Einzelner Fußabdruck

Übereilen Bei schnellen Gangarten wie Galopp oder Sprung werden die Hinterfüße vor den Vorderfüßen aufgesetzt.

Unpaarhufer Säugetiere, an deren Füßen die Mittelzehe am stärksten ausgebildet ist und als Auftritt genutzt wird (z.B. Pferde)

Verbiss Abbeißen von Zweigspitzen an Büschen und Bäumen

Wechsel Ausgetretene, regelmäßig benutzte Pfade von Tieren

Zahnmarken Abdruck der Zähne bei Fraßspuren

Zehengänger Säugetiere, die mit Zehen- und Mittelballen auftreten

Zehenspitzengänger Säugetiere, die nur mit den Spitzen der Zehen auftreten

Zum Weiterlesen und Weiterklicken

Zum Weiterlesen

Wer sich weitergehend mit der Spurenkunde beziehungsweise den verschiedenen Tiergruppen beschäftigen möchte, dem empfehlen wir folgende Bücher:

Bang, Preben und Preben Dahlström: Tierspuren. BLV, 2000.

Bellmann, Heiko: Der neue Kosmos-Insektenführer. Kosmos Verlag, 2009.

Bellmann, Heiko: Bienen, Wespen, Ameisen. Kosmos Verlag, 2009.

Brown, R., J. Ferguson, M. Lawrence und D. Lees: Federn, Spuren und Zeichen der Vögel Europas. Aula Verlag, 2005.

David, A., K. Brandt und H. Behnke: Fährten- und Spurenkunde. Kosmos Verlag, 2007.

Hecker, Frank und Katrin: Treffpunkt Wald. Kosmos Verlag, 2004.

Hecker, Frank und Katrin: KOSMOS Naturführer für unterwegs. Kosmos Verlag, 2009.

Hecker, Frank und Katrin: Tiere und Pflanzen des Waldes. Kosmos Verlag, 2010.

Janzen, Stephan: Spuren entdecken. Säugetiere in Norddeutschland. Wachholtz Verlag, 2009.

Kriebel, Hans-Jörg: Wie lerne ich Spurenlesen? Books on Demand, 2007.

Mebs, Theodor und Wolfgang Scherzinger: Die Eulen Europas. Kosmos Verlag, 2008.

Ophoven, Ekkehard: Kosmos Wildtierkunde. Kosmos Verlag, 2010.

Richarz, Klaus und Alfred Limbrunner: Welche Tierspur ist das? Kosmos Verlag, 2009.

Singer, Detlef: Welcher Vogel ist das? Kosmos Verlag, 2006.

Zum Weiterklicken

www.waldwissen.net
www.deutschewildtierstiftung.de

Register

Register

Register

Bildnachweis

Mit 248 Farbfotos von A. Limbrunner 16: S. 17 o., 19 r.m., 23 r.m., 24 o., 26 o., 64 o., 67 o., 68 o., 73, 77 r.m., 78 l.m., 79 o., 92 o., 94 o., 101 r.u.; Limbrunner/Hecker 3: S. 50 o., S. 72 o., S. 93 r.m.; Mestel/Hecker 15: S. 13 r.m., 16 l.m., 47 r.m., 54 l.m., 58 l.m., 69 r.m., 79 r.m., 90, 91, 96 l.m., 104, 105, 110 l.m., 113 o.; Sauer/Hecker 47: S. 8, 12 l.m., 13 o., 15, 26 l.m., 33 o., 35 o., 37 o., 38 l.m., 39, 40 l.m., 41 o.r., 49 r.m., 68 l.m., 71 r.m. 82 l.m., 84, 85, 87 o.l., 87 r.m., 95 r.m., 106, 107, 114, 115 r.m., 116 r.o., 116 l.m., 17 r.m., 118, 199 o., 120 o., 121 o., 124 o., 125 o., 126 o. Alle anderen Bilder sind vom Autor selbst.
Mit 57 Eierillustrationen von Walter Söllner.

Umschlaggestaltung von eStudio Calamar unter Verwendung von vier Fotos von Frank Hecker. Die Fotos zeigen vorne: Steinmarder mit seiner Spur; hinten: von links nach rechts: Dachs, Mädchen untersucht Rehlosung, Eichhörnchen.

Unser gesamtes lieferbares Programm und viele
weitere Informationen zu unseren Büchern,
Spielen, Experimentierkästen DVDs, Autoren und
Aktivitäten finden Sie unter **www.kosmos.de**

Mix
Produktgruppe aus vorbildlich
bewirtschafteten Wäldern, kontrollierten
Herkünften und Recyclingholz oder -fasern
www.fsc.org Zert.-Nr. SGS-COC-004278
© 1996 Forest Stewardship Council

Gedruckt auf chlorfrei gebleichtem Papier.

© 2010, Franckh-Kosmos Verlags-GmbH & Co. KG, Stuttgart
Alle Rechte vorbehalten
ISBN 978-3-440-12542-7
Projektleitung: Stefanie Tommes, Julia Grimm
Redaktion: Bärbel Oftring
Produktion: Johannes Geyer, Markus Schärtlein
Printed in The Czech Republic/Imprimé en Republique Tchèque

Einzigartig.
Wildtiere hautnah.

Ekkehard Ophoven
Deutschlands wilde Tiere

160 S., 238 Fotos, €/D 29,90
ISBN 978-3-440-11781-1

Wildtierparadies Deutschland

In allen Landstrichen und Regionen Deutschlands gibt es viel zu entdecken, zu beobachten
und zu erfahren. Dieser Band zeigt in brillanten
Aufnahmen die Schönheit, Vielfalt und das Be-
sondere unserer Wildtiere, darunter auch seltene
Arten wie Luchs, Schreiadler oder Braunbär.
Empfohlen von der Deutschen Wildtier Stiftung.

www.kosmos.de/natur